职业教育无人机应用技术专业系列教材

无人机概论

第2版

主　编　于坤林

参　编　王怀超　司维钊　鹿秀凤　胡爱华

机 械 工 业 出 版 社

本书是在《无人机概论》第1版的基础上修订而成。修订时邀请企业专家共同编写，更新了部分案例，丰富了配套资源，并将民族品牌精神、创新精神、职业精神、工匠精神、环保意识、安全意识、规章意识等元素融于教材。

全书共6章，第1章对无人机系统进行概述，第2章全面地介绍无人机系统组成，第3章介绍了无人机飞行原理，第4章介绍了航空气象，第5章介绍了民航法规和空中交通管制，第6章介绍了无人机的一些典型应用。

本书可作为高等职业院校无人机应用技术专业及相关专业的教材，也可作为无人机应用、生产等相关单位的培训教材，还可以作为无人机爱好者的参考用书。

本书在正文相应位置以二维码的形式增加了相关的微课视频，可直接扫码观看。本书还配有电子课件、习题及答案等资源，教师可登录机械工业出版社教育服务网（www.cmpedu.com）注册后免费下载，或联系编辑（010-88379807）咨询。

图书在版编目（CIP）数据

无人机概论/于坤林主编. —2版. —北京：机械工业出版社，2021.12（2025.3重印）
职业教育无人机应用技术专业系列教材

ISBN 978-7-111-69882-1

Ⅰ．①无… Ⅱ．①于… Ⅲ．①无人驾驶飞机-概论-职业教育-教材 Ⅳ．①V279

中国版本图书馆CIP数据核字（2021）第260236号

机械工业出版社（北京市百万庄大街22号　邮政编码100037）
策划编辑：张星瑶　　　　　责任编辑：张星瑶
责任校对：张　力　王　延　封面设计：鞠　杨
责任印制：常天培

北京铭成印刷有限公司印刷

2025年3月第2版第15次印刷
184mm×260mm·11.5印张·240千字
标准书号：ISBN 978-7-111-69882-1
定价：39.00元

电话服务　　　　　　　　　网络服务
客服电话：010-88361066　　机 工 官 网：www.cmpbook.com
　　　　　010-88379833　　机 工 官 博：weibo.com/cmp1952
　　　　　010-68326294　　金 书 网：www.golden-book.com
封底无防伪标均为盗版　　　机工教育服务网：www.cmpedu.com

PREFACE
前言

为适应无人机产业迅猛发展对职业院校专业和课程建设的新需求，机械工业出版社于 2018 年 5 月 11 ～ 13 日在北京召开了职业院校"无人机应用技术专业"产教融合、教材与资源建设会议。在会上，来自全国相关专业的骨干教师、企业专家研讨了新形势下的"无人机应用技术"课程体系和内容以及教材和资源建设的原则、方法、内容等。

根据会议精神，先组建了本教材建设团队，接下来进行企业、高校调研以确定教材内容，最后按照分工和标准去编写。本书结合无人机应用技术专业人才培养目标和行业、企业用人单位需求以及最新专业课程标准，组织职业院校教师与企业人员合作编写产教融合教材。

《无人机概论》第 1 版自 2019 年出版以来，受到了广大读者的欢迎。为了深入贯彻落实《国家职业教育改革实施方案》（职教 20 条）、《关于推动现代职业教育高质量发展的意见》等文件精神，进一步适应无人机应用技术专业职业教育的发展，也为了全面提高出版质量，特在第 1 版的基础上进行了修订。

本书修订增加了一些无人机相关方面的新技术，同时将第 1 版的内容做了一些删减和整合，具体修改内容为：将第 1 版中的 1.4 节内容删掉，在 2.4 节动力系统中增加了油电混合动力系统以及太阳能电池、氢燃料电池等无人机方面最新技术，在 2.9 节任务载荷系统中增加了一些最新应用的任务载荷，在第 6 章无人机应用中增加了无人机物流应用等最新应用。此外，本书在第 1 版的基础上改变了内容编排形式，在编写每章内容时按照"学习目标→问题引入→知识讲授→拓展阅读→巩固练习"等环节进行编写。

本书在修订过程中努力体现以下特色：

1. 融入思政元素、立德树人

本书在每章前列出"素养目标"，在每章后添加"拓展阅读"，将民族品牌精神、创新精神、职业精神、工匠精神、环保意识、安全意识、规章意识等元素融入教材，学生在学习过程中不仅能学到知识和技术，还能培养工匠精神与社会责任感。

2. 校企双元团队编写，产教融合

本书由校企双元团队编写，编写团队包括长沙航空职业技术学院于坤林、王怀超、司维钊，山东理工职业学院鹿秀凤和江苏蓝鲸智慧空间研究院有限公司胡爱华。一线教师和企业专家共同研究编写，更新和完善本书内容。

3. 构建新形态教材，配套资源丰富

本书配有微课视频，读者可以使用手机扫描书中二维码直接观看。同时，配套面向教师的电子课件等教学资源，支持传统教学与混合式教学、移动式教学等信息化教学模式的融合创新。

本书由于坤林任主编，王怀超、司维钊、鹿秀凤、胡爱华参与编写。其中，第1章由司维钊、鹿秀凤共同编写，第2章由于坤林编写，第3章由司维钊编写，第4章和第5章由王怀超编写，第6章由于坤林、胡爱华共同编写。全书由于坤林负责统稿和定稿。

由于编者水平有限，书中不妥之处在所难免，恳请读者批评指正。

编 者

二维码索引

序　号	名　　称	二　维　码	页　码
1	固定翼无人机机体结构		16
2	多旋翼无人机机体结构		26
3	无人机任务载荷介绍		69
4	无人机常见的发射方式		73
5	无人机常见的回收方式		74
6	无人机飞行升力		85
7	无人机飞行阻力		88
8	风切变对飞行的影响		109
9	无人机在警用消防领域的应用		135

CONTENTS
目 录

CONTENTS

无人机
系统概述

第 1 章

学习目标

知识目标

1. 掌握无人机的定义和分类方式
2. 理解无人机的性能指标和性能评估
3. 了解无人机的用途和发展

能力目标

1. 能够区分无人机和航模
2. 能够分析无人机的性能指标
3. 能够正确地对无人机进行性能评估

素养目标

1. 践行社会主义核心价值观，弘扬民族品牌精神，激发民族自豪感
2. 具有创新意识和创新精神

问题引入

无人机产业发展水平既是衡量国家军事实力、科技创新和制造水平的重要指标，也是推动经济高质量发展和促进人民更好生活的关键。国内无人机市场已发展了三十余年，从最初的军用领域逐渐扩展到消费领域和工业领域。近年来，作为战略性新兴产业之一，无人机发展迅速，行业应用也愈发广泛。无人机的应用已经深入到警用、城市管理、农业、地质、气象、电力、抢险救灾、摄像摄影等多个行业及领域。

什么是无人机？无人机是如何分类的？无人机有哪些性能指标？如何评估无人机的性能？无人机有哪些用途呢？无人机未来的发展趋势是怎样的？本章将对这些问题进行讲解。

知识讲授

1.1 无人机的相关概念

1.1.1 无人机与无人机系统

无人机：远程驾驶航空器是利用无线电遥控设备和自备的程序控制装置操纵的不载人

飞行器，或者由车载计算机完全地或间歇地自主操作，也称为飞行器远程操控系统，简称无人机。

无人机系统：无人机及其配套的通信站、起飞（发射）回收装置以及无人机的运输、储存和检测装置等的统称。事实上，无人机要完成任务除了需要无人机及其携带的任务设备外，还需要有地面控制设备、数据通信设备、维护设备，以及指挥控制和必要的操作、维护人员等，较大型的无人机还需要专门的发射/回收装置。完整意义上的无人机应称为无人机系统。无人机系统如图1-1所示。

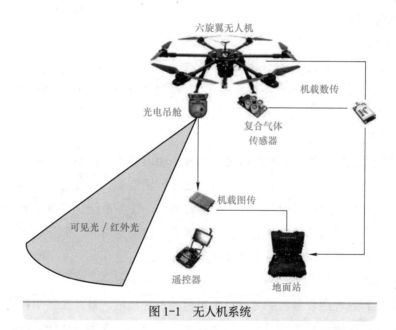

图1-1　无人机系统

无人机系统驾驶员：由运营人指派对无人机的运行负有必不可少的职责并在飞行期间适时操纵飞行的人。无人机系统的机长是指在系统运行时间内负责整个无人机系统运行和安全的驾驶员。

1.1.2　无人机与航模的区别

下面从定义、飞控系统、自动控制、组成、用途、安全管理这6个方面来梳理无人机与航模两者之间的区别。

1. 定义不同

目前我国对于航空模型的定义是：航空模型要在视距内，视距不超过500m。也就是驾驶员站在某个地方看航空器，这个距离不超过500m，相对高度不超过120m。它是一种重于空气、有尺寸限制、带有或不带有动力装置、不能载人的航空器。

无人机则是一种由无线电遥控设备或自身程序控制装置操纵的无人驾驶飞行器，可以不用遥控器，通过计算机、地面站、地面电路来指挥，能够飞到几千千米以外。现在无人机留空的最长时间可以达到48h，相当于两天，它适合长距离飞行。这也是无人机的一个显著特点，航模是达不到的。

2．飞控系统不同

二者的区别还在于是否有导航飞控系统，能否实现自主飞行。无人机通过复杂的中央飞控系统与地面控制参数进行交互，控制无人机的姿态和机动实现自主飞行。航模虽然也是无人驾驶，但是在操控手的视距范围内由操控手遥控实现机动和姿态的调整。因此，无人机自身是带了"大脑"飞行，"大脑"受限于人工智能，但是航模的"大脑"始终是在地面，在操纵人员的手上。

3．自动控制不同

在自动控制方面，无人机能够智能应对各种情况执行任务，与地面站进行数据融合和任务确认，并按要求进行下一步操作。而大多数航模的自动控制只能实现失控后自动返航。

4．组成不同

无人机比航模的结构复杂，航模由飞行平台、动力系统、视距内遥控系统组成，主要是满足大众的观赏性，追求的是外表的像真或是飞行优雅等，科技含量并不高。无人机系统由飞行平台、动力系统、飞控导航系统、链路系统、任务系统、地面站等组成，主要是为了完成特定任务，追求的是系统的任务完成能力，科技含量高。部分高档的航空模型和低档的无人机在飞行平台、动力系统部分并无太大区别。

5．用途不同

无人机多执行超视距任务，主要应用于军用与特种民用，最大任务半径达上万千米，通过机载导航飞控系统自主飞行，通过链路系统上传控制指令和下传任务信息。航模通常在目视视距范围内飞行，控制半径小于500m，操作人员目视无人机，通过手中的遥控发射机操纵无人机，机上一般没有任务设备。很多无人机系统也有类似航模的能力，可以在视距内直接遥控操作。

6．安全管理不同

在我国，航空模型由国家体育总局管理，民用无人机由中国民用航空局统一管理，军用无人机由军方统一管理。

1.2　无人机的分类

近年来，国内外无人机相关技术飞速发展，形成了种类繁多、形态各异、丰富多彩的现代无人机家族，而且新概念还在不断涌现，其创新的广度和深度也在不断加大。通常情况下，无人机可按飞行平台构型、用途、尺度、活动半径、任务高度、飞行速度、使用次数等方法进行分类。

1.2.1　按用途分类

　　按照无人机所能担负的任务或功用分类，可分为军用无人机和民用无人机。军用无人机可分为侦察无人机、诱饵无人机、电子对抗无人机、通信中继无人机、无人战机以及靶机等。军用无人机如图 1-2 所示。民用无人机可分为巡查 / 监视无人机、农用无人机、气象无人机、勘探无人机以及测绘无人机等。民用无人机如图 1-3 所示。

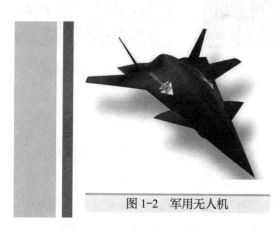

图 1-2　军用无人机

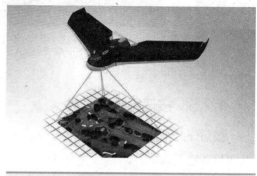

图 1-3　民用无人机

1.2.2　按飞行平台构型分类

　　按照飞行平台构型分类，无人机可分为固定翼无人机、旋翼无人机、无人飞艇、伞翼无人机、扑翼无人机等。其中固定翼无人机、旋翼无人机应用比较广泛。旋翼无人机可分为单旋翼无人机（即无人直升机）和多旋翼无人机。多旋翼无人机是一种具有三个及以上旋翼轴的特殊的无人驾驶旋翼飞行器。

1.2.3　按活动半径分类

　　按照活动半径分类，无人机可分为超近程无人机、近程无人机、短程无人机、中程无人机和远程无人机。超近程无人机的活动半径在 15km 以内，近程无人机的活动半径在 15 ～ 50km 之间，短程无人机的活动半径在 50 ～ 200km 之间，中程无人机的活动半径在 200 ～ 800km 之间，远程无人机的活动半径大于 800km。

1.2.4　按尺度分类

　　按照尺度分类，无人机可分为微型、轻型、小型以及大型无人机。微型无人机是指空机质量小于或等于 7kg 的无人机。轻型无人机是指空机质量大于 7kg，但小于或等于 116kg 的无人机，如图 1-4 所示。小型无人机是指空机质量大于 116kg，但小于或等于 5 700kg 的无人机，如图 1-5 所示。大型无人机是指空机质量大于 5 700kg 的无人机。

图 1-4　轻型无人机

图 1-5　小型无人机

1.2.5　按任务高度分类

按照任务高度分类，无人机分为超低空无人机、低空无人机、中空无人机、高空无人机和超高空无人机。

超低空无人机的任务高度一般在 0～100m 之间，低空无人机的任务高度一般在 100～1 000m 之间，中空无人机的任务高度一般在 1 000～7 000m 之间，高空无人机的任务高度一般在 7 000～18 000m 之间，超高空无人机的任务高度一般大于 18 000m。

1.2.6　按飞行速度分类

按照飞行速度分类，无人机可分为亚声速无人机、超声速无人机和高超声速无人机。

1.2.7　按使用次数分类

按照使用次数分类，无人机分为单次使用无人机和多次使用无人机。单次使用无人机发射后不收回，也不需要在机上安装回收系统。多次使用无人机发射后要求回收，并重复使用。

1.3　无人机的性能指标与评估

1.3.1　性能指标

无人机的性能指标主要有以下几个方面。

1. 续航时间

续航时间是检验无人机持续完成任务能力的重要标准，执行不同类型任务的无人机对续航的要求是不同的。

2．航程

决定无人机航程的因素有机体结构、翼型、发动机、携带能量等。但无人机的控制系统对航程也有着不可忽视的影响。

3．飞行高度

无人机的飞行高度是指无人机能够维持平飞的最大高度，是一项重要的指标。

4．飞行速度

飞行速度对于无人机也是一项重要的指标。

5．本体尺寸

无人机机体的尺寸能够影响其使用性能和抵抗恶劣环境的能力。

6．有效载荷质量

有效载荷质量是衡量无人机能够携带任务载荷量的重要指标。

7．爬升率

爬升率是指在一定飞行质量和发动机工作状态下无人机在单位时间内上升的高度。

8．经济型

无人机的设计、制造和维护成本是一项重要的指标，它是由无人机要执行的任务重要性来决定的。

9．可靠性

可靠性是指无人机在执行预期任务期间无故障运行的可能性。良好的可靠性是无人机稳定使用的重要保障。

10．发射回收方式

发射回收方式直接影响无人机的易用性。常用的发射方式有轨道发射、火箭发射、滑跑发射、空中发射和垂直起飞等类型。常用的回收方式有降落伞回收、空中回收、拦截网回收、起落架滑轮着陆、气垫着陆和垂直着陆等类型。

1.3.2 性能评估

1．续航能力

目前阻碍无人机场景应用的最大障碍是续航能力，它是衡量一架无人机性能指标的重要因素之一。

无人机的续航能力越长表示其性能越好，反之，续航能力越短表示其性能越差。

2．遥测距离

无人机遥测距离是指地面控制站对无人机的操控范围。遥测距离越远表示无人机的性能越好。

3. 载重量

载重量是指无人机飞行过程中能够运载的最大载荷。同等条件下携带载荷量越大表示无人机的性能越好。

4. 抗风能力

抗风能力是指无人机能抵御最高等级风力并正常作业的能力。同等条件下无人机的抗风等级越大，表示无人机的性能就越好。

1.4 无人机的发展

1.4.1 军用无人机的发展

1. 军用无人机的发展现状分析

对于军用无人机的研究和使用最早出现在美国。1909 年世界上第一架无人机在美国试飞，并取得了不错的成绩。接下来的几年里，英德两国也开始研究军用无人机，并且在 1917 年先后在此技术研究上取得成功。20 世纪 60 年代，无人机已经开始应用到军事领域，使用无人机来进行军事侦察、空中打击和目标摧毁。在 20 世纪末，很多国家已经研制出了新型军用无人机，并且纷纷应用到军事领域，用于战场情报侦察、低空侦察和掩护、战场天气预报、战况评估、电子干扰和对抗、目标定位摧毁等，在一定程度上改变了军事战争和军事调动的原始形式。

2. 军用无人机的类型

随着科学技术的发展，军用无人机的发展日趋成熟，它与有人机相比具有相当大的优势：操作简单，材料花费较小，关键是可以无飞行员亲自操作，伤亡率低；隐蔽性较好，不易暴露，获取情报的真实度较高，生命力极强；起飞滑跑距离较短，易于起飞和降落。

目前掌握无人机技术的国家已经有 30 多个，无人机的类型也有 200 种以上，军事无人机已经广泛应用到军事领域，按照其功能可以划分为：靶机，主要用于训练飞行员和防空兵及测试其他防空兵器的性能；侦察机，主要用于战场相关情报的搜集和处理；诱饵机，主要用于诱使敌方雷达进行空中打击；电子对抗机，主要用于对敌机、指挥系统等开展电子干扰和信息侦察；攻击机，主要用于目标打击和战场摧毁；战斗机，用于空袭或者地面打击；其他无人机，如用于激光照射、核辐射的侦察等。

3. 军用无人机未来的发展趋势

(1) 微型化无人机 微型无人机在军事领域的使用愈加广泛，由于其体积小、成本低，未来的战场需要更多这种无人机，以满足军事战场实现既定的作战任务和作战目标。

（2）高空、高速无人机　对于无人机的发展，需要新型的高空、长航动力装置，如液（气）冷式涡轮增压活塞发动机、涡轮风扇发动机、转子发动机等，实现无人机在高危险、高强度的条件下工作，能完成高空作业、高速作业。

（3）隐形无人机　现有的隐形无人机隐形的效果并不佳。为了实现高隐蔽性，很多国家正在攻克这个难题，高隐蔽材料、防噪声控制都在按部就班地开展着，这也是提高无人机的作战效能和战场生存能力的必要条件。

（4）攻击无人机　未来的无人机需要具有强有力的攻击性，这种攻击是全方位的，包括对地面打击、空中袭击、空中对抗、导弹拦截、目标锁定攻击等。

随着无人机在军事领域的广泛应用，其发展极为迅速，在技术研发和攻关方面军用无人机进入一个全新的时期，未来的趋势不可阻挡。

1.4.2　民用无人机的发展

1. 民用无人机的发展概况

（1）世界民用无人机发展概况　21 世纪以来，各国在继续加大在军用无人机投入的同时也采取各种手段促进无人机向民用领域发展。美国国家航空航天局在 2002 年成立了一个无人机应用中心，致力于无人机的民用研究。欧洲在 2006 年制定了民用无人机发展线路图，加快无人机的民用化步伐。此外，韩国、日本、印度、澳大利亚和新加坡等国家也加快无人机民用化步伐。

（2）国内民用无人机发展概况　1958 年 8 月 3 日，我国西北工业大学研制出了中国第一套无人机系统，并在西安窑村机场试飞成功，开创了国内无人机事业的先河。20 世纪 60 年代，西北工业大学受命研制"D-4 民用无人机系统"，用于航空摄影、物理探矿、灾情监视等。截至 2006 年，我国无人机行业仍主要是军用，民用无人机发展非常缓慢，几乎可以忽略。2006 年，汪涛在深圳创办大疆科技有限责任公司专注于消费级无人机。此后，零度智控智能科技有限公司、广州极飞科技有限公司、北京亿航科技有限公司等纷纷成立，中国民用无人机市场开始迅速发展。2013 年以后，中国无人机市场日渐火爆，如山东矿机集团股份有限公司、广东伊立浦电器股份有限公司、江苏金通灵流体机械科技股份有限公司等大型企业纷纷涉足民用无人机行业；大疆科技、零度智控等公司也纷纷加快融资步伐，以更好地适应市场的发展。

2. 民用无人机行业的发展特点

（1）发展迅速、市场前景好　2015 ～ 2018 年中国民用无人机市场规模快速上升，2018 年中国民用无人机的市场规模首次突破百亿元人民币。随着《中国制造 2025》纲领的出台，民用无人机行业作为高端制造业中的一员将迎来新的发展机遇。预计到 2025 年，中国民用无人机市场规模有可能达到 750 亿元人民币。

(2) 应用领域广泛 无人机凭借操作方便、使用灵活、作业效率高、相对成本低的优势，已经广泛应用于气象监测、国土资源执法、环境保护、管道巡检、农林调查、遥感航拍、抗震救灾、快递和新闻等领域。在 2008 年的"5·12"汶川地震救援中，由北京安翔动力科技有限公司研制的小型低空遥感无人机——飞象 1 号发挥了重要的作用。2013 年，美国亚马逊公司首席执行长贝索斯在"60 分钟"节目中展示该公司数年来一直在研发的无人机投递。同年，国内的顺丰与极飞科技合作，开启了"无人机送货"的项目实验，目前他们合作的无人机已经是三代系统，主要是在广州、浙江等地进行高密度实验。2015 年 1 月，美国联邦航空管理局先后两次，共批准 11 家新闻媒体机构从事无人机新闻实验。2015 年，新华网宣布正式成立新闻无人机编队，无人机在中国的新闻行业开始崭露头角。

(3) 突发事件多、监管缺失 近年来，民用无人机市场日益火爆，"黑飞"（指没有取得无人机飞行资格的企业和个人私自驾驶无人机的行为）导致的突发事件也层出不穷。2013 年 12 月，北京某公司私自使用测绘无人机导致首都机场十余次航班延误，两次航班避让。2015 年 1 月，美国白宫发生无人机坠毁事件。"黑飞"不仅扰乱了国家空域管理，也对公民的隐私构成极大的威胁，有时甚至会引发国家安全问题。

3. 民用无人机的发展趋势

(1) 智能化 无人机在发展过程中面临劳动力成本上升，无人机资格审查变严的问题。企业要想进一步发展，提高民用无人机的智能化水平是重要途径之一，以便更好地满足市场需求，降低无人机驾驶员的使用数量，减少降低使用人员的费用，增加企业利润。此外，近些年人工智能技术的发展为无人机的智能化奠定了技术基础。提高无人机的自动识别目标，规避特定目标的能力，能够更好地发挥无人机的优势，深化无人机在民用领域的应用，符合市场发展趋势。

(2) 产业化 随着民用无人机市场的发展，消费者的需求更加多样化。单个企业满足消费者多变的需求是非常困难的，并且企业的研发能力有限，完全由自己进行整机生产在未来是很难实现的。这就需要无人机行业进行产业化发展，逐步实现全产业链的资源整合，优势互补。行业内部会逐步出现在材料研发、系统研发、外形设计、零件生产、销售等各个环节占有优势的企业，这种发展趋势在中国更为明显。目前，中国深圳几乎可以生产民用无人机所有的电子元器件。宗申动力机械股份有限公司和天津内燃机研究所签订协议，进行无人机的发动机研究；金通灵成功研制出 70kg 推动力的小型涡轮喷气发动机。零度智控在无人智能系统开发方面有重要的优势，极飞科技专注于民用无人机飞行系统的研发。隆鑫通用动力股份有限公司、德奥通用航空股份有限公司具备民用无人机核心零部件生产能力。

(3) 品牌化 品牌是一个企业的无形资产，民用无人机行业中的企业应该注重自己的品牌建设。从行业发展的生命周期来看，民用无人机行业正处于发展期。随着无人机技术的成熟，该行业所提供的产品在行业成熟期会出现产品同质化的现象。这时产品的功能基本相似，企业要想占据较大的市场份额，实现高回报，品牌建设是其途径之一。企业可以建立品牌俱乐部，定期举办活动，用以维系消费者和企业之间的情感关系，加强消费者和品牌的黏合度，提高消费者的顾客忠诚度，实现企业利润最大化的目标。

拓展阅读

国产无人机品牌

亿航、大疆、华科尔、中科遥感、昊翔等品牌在国内有较高的知名度，且拥有不同数量的专利技术和合作伙伴。

亿航：凭借持续不断的科技与产品创新，智能互联的创新思维，为用户提供简易、智能、安全、高效的飞行器产品和解决方案，其 Ghost 系列无人机是全球首款真正意义上用手机操控的智能空中无人机。

大疆：大疆无人机占领了全球 70% 的市场份额，提高了我国无人机生产行业的自信，提高了民用无人机的性能。

华科尔：拥有无人机的核心技术及遍布全球的客户群，并在国内和国际市场获得了较高的影响力，为全球用户提供优质的个性化无人机产品。

巩固练习

1. 无人机与航模的区别有哪些？
2. 无人机按照尺度分类可分为哪些？
3. 无人机从哪些方面进行性能评估？
4. 军用无人机未来的发展趋势有哪些？

无人机系统组成

第2章

学习目标

知识目标

1. 掌握固定翼无人机的系统组成和功用
2. 掌握多旋翼无人机的系统组成和功用
3. 掌握无人直升机的系统组成和功用

能力目标

1. 能够分析无人机的组成和布局形式
2. 能够分析燃油发动机的工作原理
3. 能够分析各导航系统的工作原理
4. 会使用数传、图传模块以及地面站
5. 能够分析警用无人机任务载荷的具体应用场景

素养目标

1. 热爱民族品牌，具有深厚的爱国情感和中华民族自豪感
2. 具有创新意识、创新思维和创新精神
3. 具有环保意识以及节约意识

问题引入

　　我国目前已有 300 多家企业在生产无人机。在全球无人机行业中，中国无人机无疑是当中的佼佼者。大疆 2014 年总营收占全球小型无人机市场份额的 70%。在无人机制造领域，国内制造商已领先抢占世界市场。在全球无人机企业排行前 10 中有 5 家中国公司，前 20 中有 10 家是中国公司，可以说我国无人机行业处于国际领先地位。在前段时间出炉的全球民用无人机企业排行榜中，大疆、零度智控、极飞、臻迪科技 4 家中国无人机企业进入前 10。

　　这些企业生产的无人机种类较多，各种无人机的组成和布局会有所不同，那么固定翼无人机、多旋翼无人机、无人直升机以及其他构型的无人机的机体结构是怎样的呢？有哪些布局形式？各组成部件的内部结构、功用及工作原理又是如何呢？本章将对这些问题进行讲解。

知识讲授

2.1 固定翼无人机的机体结构和布局

2.1.1 固定翼无人机的机体结构

1. 固定翼无人机的组成及各部分功用

除了少数特殊形式的飞机外，飞机一般由机翼、机身、尾翼、起落装置和动力装置五个主要部分组成。固定翼无人机的结构组成如图 2-1 所示。

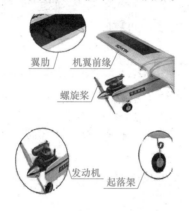

图 2-1　固定翼无人机的结构组成

（1）机翼　机翼的主要功用是产生升力，以支持飞机在空中飞行，同时也起到一定的稳定和操作作用。

（2）机身　机身的主要功用是装载人员、货物和各种设备，将飞机的其他部件连接成一个整体。

（3）尾翼　尾翼包括水平尾翼和垂直尾翼。水平尾翼由固定的水平安定面和可动的升降舵组成，有的高速飞机将水平安定面和升降舵合为一体，成为全动平尾。垂直尾翼包括固定的垂直安定面和可动的方向舵。尾翼的作用是操纵飞机俯仰和偏转，保证飞机能平稳飞行。

（4）起落装置　飞机的起落架由减振支柱和机轮组成，其作用是起飞、着陆滑跑、地面滑行和停放时支撑飞机。

（5）动力装置　动力装置发动机主要用来产生拉力和推力，使飞机前进。

飞机上除了这五个主要部分外，根据飞机操作和执行任务的需要，还装有各种仪表、通信设备、领航设备、安全设备等其他设备。

2．固定翼无人机的构造特点及分类

（1）机翼的构造特点及分类

1）机翼的主要承力构件。机翼结构是由翼梁、纵墙、桁条、翼肋和蒙皮等典型构件组成的，如图2-2所示。其中翼梁、纵墙和桁条为机翼的纵向构件，翼肋为机翼的横向构件。纵、横构件组成骨架。蒙皮则包裹在骨架外面，形成机翼型面。

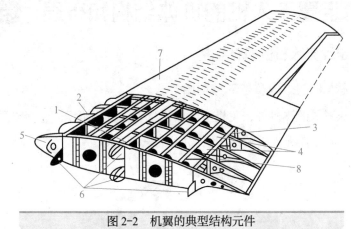

扫码看视频

图2-2　机翼的典型结构元件

1—翼梁　2—前纵墙　3—后纵墙　4—普通翼肋　5—加强翼肋　6—对接接头　7—蒙皮　8—桁条

①翼梁。翼梁是机翼的主要构件，在各种形式的机翼结构中，翼梁的主要功用是承受机翼的弯矩和剪力。

②纵墙。纵墙也是机翼的主要纵向受力构件。图2-3所示为纵墙常采用的结构形式和截面形状。

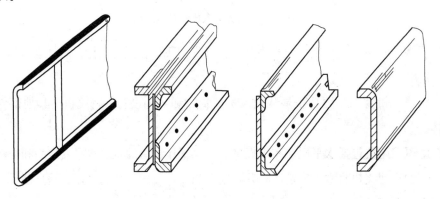

图2-3　纵墙常采用的结构形式和截面形状

③桁条。桁条为长条形薄壁构件，桁条与蒙皮和翼肋相连，其主要功用是支持蒙皮，防止它在承受局部空气动力时产生过大的局部变形，并与蒙皮一起把空气动力传给翼肋。

按制造方法分类，桁条可分为板弯型材和挤压型材，其剖面形状分别如图2-4a和图2-4b所示。板弯型材桁条一般用于梁式机翼。挤压型材桁条多用于单块式机翼。

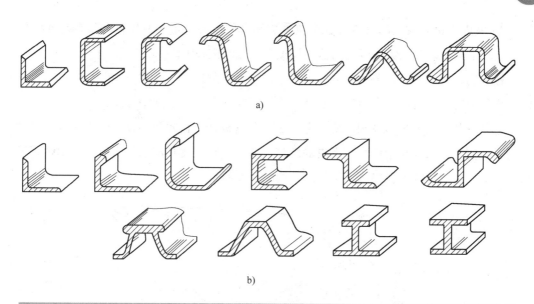

a)

b)

图 2-4   桁条型材的剖面形状

ⓐ 板弯型材　ⓑ 挤压型材

④ 翼肋。翼肋是组成机翼骨架的横向构件，沿弦向布置。翼肋按其构造形式可分为腹板式和桁架式两种，按其功能分为普通翼肋和加强翼肋，如图 2-5 所示。普通翼肋较多采用腹板式。普通翼肋的功能是维持机翼的翼型，支持蒙皮、桁条和梁腹板，提高它们的稳定性。加强翼肋除具有上述作用外，还要承受和传递较大的集中载荷。

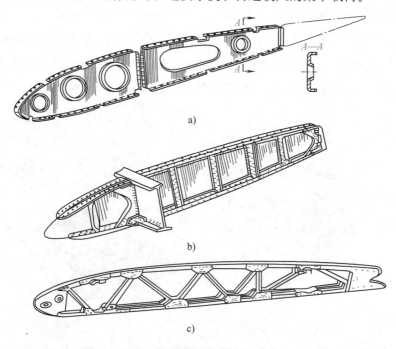

a)

b)

c)

图 2-5   翼肋构造

ⓐ 腹板式普通翼肋　ⓑ 腹板式加强翼肋　ⓒ 桁架式加强翼肋

⑤ 蒙皮。机翼蒙皮的材料分为布质蒙皮和金属蒙皮。布质蒙皮机翼仅在老式飞机和小型飞机上采用。金属蒙皮广泛用于现代民航飞机的机翼上。

按金属蒙皮的构造，蒙皮可分为单层蒙皮和夹层蒙皮。单层蒙皮一般都由包铝板制成的，夹层蒙皮通常由铝合金面板与铝蜂窝芯板胶接而成。

另外，蒙皮和桁条组合构成机翼壁板。机翼壁板分组合式和整体式壁板两种。组合式壁板是由较厚的蒙皮与桁条铆接形成的。整体壁板是将蒙皮和加强肋（桁条、肋缘条等）合为一体，由同样的材料整体加工而成，如图2-6所示。

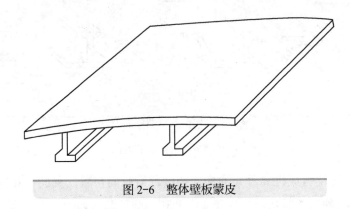

图2-6　整体壁板蒙皮

2）机翼结构形式。机翼有多种结构形式，根据蒙皮、桁条和翼梁缘条参与承受弯矩的能力，可把机翼分为梁式机翼和整体式机翼。

①梁式机翼。梁式机翼的结构特点是有一根或者数根结实的翼梁，蒙皮很薄，长桁的数量少而且较弱。根据翼梁的多少，梁式机翼又可以分为单梁式和双梁式两种。在单梁式机翼中，翼梁（又称为主梁）装在翼型最大厚度处，如图2-7a所示。在双梁式机翼中，有前、后两根梁，前梁一般布置在20%～30%弦长处，后梁则位于60%～70%弦长处，如图2-7b所示。

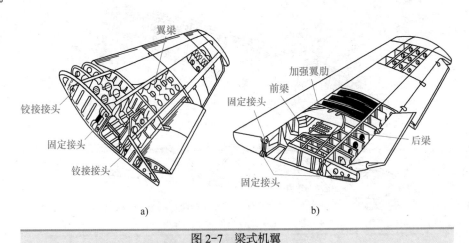

a)　　　　　　　　　　　　　　b)

图2-7　梁式机翼

a 单梁式机翼　b 双梁式机翼

梁式机翼的承力特点是主要由翼梁来承担机翼总体弯矩，蒙皮参与承受扭矩。桁条的作用是与蒙皮一起承受局部气动载荷并提高蒙皮抗剪稳定性，使之能更好地承受扭矩。其优点是机翼上便于开口，机翼与机身连接简单；缺点是生存力较差，蒙皮薄，在速度进一步提高的情况下，不能保证局部刚度和机翼扭转刚度。

②整体式机翼。整体式机翼又可细分为单块式机翼和多腹板式机翼。

单块式机翼的构造如图2-8所示，其结构特点是翼梁缘条的强度不很高，蒙皮较厚，桁条多而且较强。蒙皮和桁条组成了机翼上、下坚实的壁板，一起承受总体弯矩。

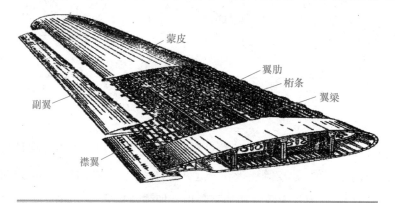

图2-8　单块式机翼的构造

单块式机翼的优点是蒙皮厚，局部刚度和扭转刚度较大，受力构件分散，生存力较强，适用于高速飞机。其缺点是机翼上不便于开口，机翼和机身连接接头比较复杂。

③复合结构机翼。为了充分利用梁式机翼和单块式机翼的优点，尽量避免它们的缺点，许多飞机的机翼采用梁式和单块式复合的结构，即在靠近翼根而要开舱口的部分采用梁式结构，其余部分采用单块式结构。

（2）机身构造特点及分类

机身的受力构件包括内部的骨架、外部的蒙皮，以及连接接头。机身的骨架有沿机体纵轴方向的桁梁、桁条和沿横轴方向的隔框，桁梁式机身如图2-9所示。

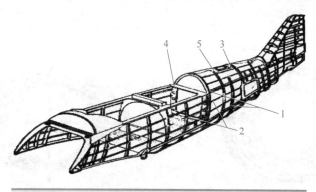

图2-9　桁梁式机身

1—桁梁　2—桁条　3—蒙皮　4—加强隔框　5—普通隔框

①桁条与桁梁。桁条的形状、作用与机翼的桁条相似。桁梁的形状（见图2-10）与桁条相似，但剖面尺寸要大些，其作用与翼梁相似。

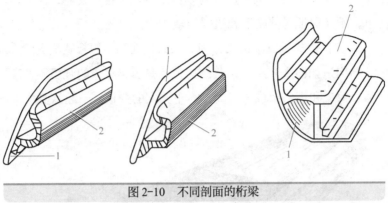

图2-10 不同剖面的桁梁

1—机身蒙皮 2—桁梁

②隔框。沿机头到机尾分布隔框的数量很多，其主要作用是形成并保持机身的横剖面形状，同时它与桁条、桁梁、蒙皮等连接在一起并整体受力。隔框的外形和剖面形状很多（见图2-11～图2-15），分为普通隔框和加强隔框。加强隔框须承受如机翼、尾翼、起落架、发动机通过接头传递而来的集中力，因此，其材料和结构都较普通隔框优良。

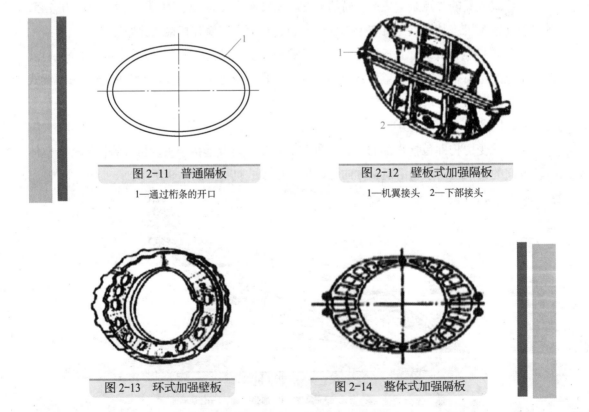

图2-11 普通隔板

1—通过桁条的开口

图2-12 壁板式加强隔板

1—机翼接头 2—下部接头

图2-13 环式加强壁板

图2-14 整体式加强隔板

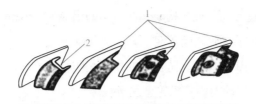

图 2-15 隔框的不同剖面

1—机身蒙皮 2—隔框型材

③蒙皮。机身蒙皮与机翼蒙皮的作用和构造相同。如按桁梁、桁条、蒙皮、隔框的不同组合，可以形成机身的不同构造形式。

（3）起落架构造特点及分类

1）起落架的组成。飞机的起落架一般由受力支柱、减振器、机轮（含制动装置）等部分组成。受力支柱、减振器、机轮等部件按不同的组合方式，可以构成不同的起落架形式。

①减振器。其作用是吸收着陆和滑跑时的冲击能量，减少冲击载荷，有利于减轻飞机结构重量，改善乘坐品质。

②支柱。它是用来承受地面各个方向的载荷并作为安装机轮的支撑部件。为了充分利用构件，减轻重量，减振器和支柱可以合二为一。

③机轮。它用于满足地面运动，并有一定的减振作用。制动装置安装在机轮上，以减小着陆滑跑距离，同时利用左右机轮不同的制动力可以使飞机在地面转弯，提高地面机动性。

④收放机构。它用于起落架的收起和放下，即飞行时收起起落架以减小阻力，着陆前放下起落架。收放机构同时用于固定支柱，使支柱与机体成为一个整体受力的构件，而不是一个可以运动的机构。

2）起落架的结构形式。飞机起落架的结构形式可分为构架式、支柱套筒式和摇臂式三类。

①构架式起落架。构架式起落架如图 2-16 所示。这种起落架的受力支柱与减振器合为一体，既承受飞机重力，又起缓冲作用，所以称为减振支柱。减振支柱的上端与机身的加强隔框或机翼加强翼肋通过连接接头相连，下端则安装滚动式机轮（主轮带制动装置）。

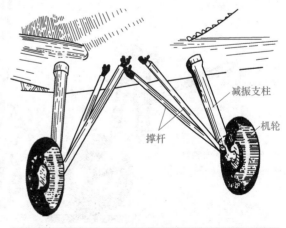

图 2-16 构架式起落架

这种起落架没有收放机构，所以又称为固定式起落架。为了加强减振支柱受力能力，常装有加强支柱。它具有构造简单、重量轻的优点，但飞行时会产生阻力。这种形式只用于小型、低速飞机。

②支柱式起落架。这种起落架与构架式起落架的组成相似，但有收放系统，属于收放式起落架，其收放作动筒也起加强支柱的作用（见图 2-17）。防扭臂的作用是防止减振支柱的内、外筒相对转动而影响机轮直线滑跑。

支柱式起落架体积小，易于收放，其缺点是只能在减振支柱受轴向力时起缓冲作用，而当其受水平撞击时减振支柱将受弯矩，不能使减振支柱受轴向压缩。这就使缓冲作用减小，也会使内外筒之间产生很大的局部摩擦而磨损密封装置。

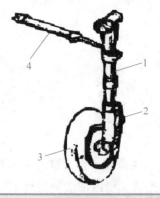

图 2-17　带撑杆的支柱式起落架

1—减振支柱　2—防扭臂　3—机轮
4—斜撑杆（兼作收放作动筒）

③摇臂式起落架。这种起落架的减振器与受力支柱分开，机轮则通过摇臂与受力支柱和减振器相连，称为摇臂式起落架。摇臂式起落架解决了起落架的水平载荷传递问题，这种起落架的机轮通过一个摇臂（轮臂或轮叉）悬挂在承力支柱和减振器下面。根据减振器配置的不同，它可以分为以下三种形式：

a）减振器与承力支柱分开的摇臂式起落架（见图 2-18a），多用作主起落架。

b）减振器与承力支柱合成一体的摇臂式起落架（见图 2-18b），一般用作前三点飞机的前起落。

c）没有承力支柱，减振器和摇臂直接固定在飞机承力构件上的摇臂式起落架（见图 2-18c），一般用作后三点飞机的尾轮支撑机构。

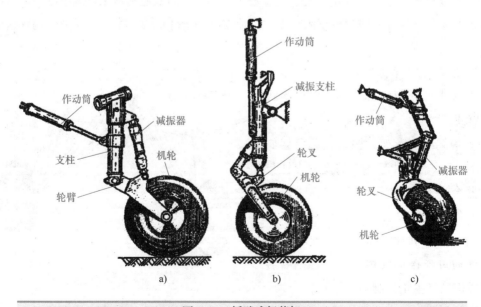

图 2-18　摇臂式起落架

ⓐ减振器与承力支柱分开　ⓑ减振器与承力支柱合成一体　ⓒ没有承力支柱

这种起落架的机轮无论受正面撞击，还是垂直向上的力，均通过摇臂压缩减振器，因而保证了减振器不受弯矩，也提高了缓冲效能。摇臂式起落架的缺点是构造复杂且重量大、连接点多且受力大，不宜用在重型飞机上。

2.1.2 固定翼无人机的布局

固定翼无人机的布局是指飞机主要部件的数量以及它们之间的相互安排配置情况。固定翼无人机为了达到不同的性能要求，往往采用不同的布局形式。如图 2-19 所示是固定翼无人机的主要布局类型。如果按机翼和机身连接的上、下位置来分，可分为上单翼、中单翼和下单翼，如图 2-19a 所示；如果按机翼弦平面有无上反角来分，可分为上反翼、无上反翼与下反翼三种类型，如图 2-19b 所示；如果按立尾的数量来分，可分为单立尾、双立尾和无立尾（无立尾时平尾变成 V 形），如图 2-19c 所示；人们通常所说的气动布局一般是指平尾相对于机翼在纵向位置上的安排，即飞机的纵向气动布局形式，一般有正常式、"鸭"式和无平尾式，如图 2-19d 所示。不同的布局形式，将对无人机的飞行性能、稳定性和操纵性有重大影响。

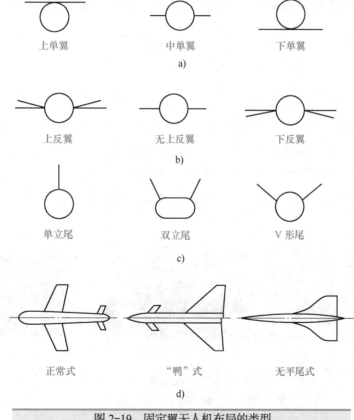

图 2-19 固定翼无人机布局的类型

ⓐ 按机翼和机身的连接位置分 ⓑ 按机翼弦平面有无上反角分 ⓒ 按立尾的数量分 ⓓ 按纵向气动布局分

1. 尾翼的布局

（1）单立尾布局 单立尾布局是最为常见的一种尾翼布局形式。单立尾翼主要包括垂尾安定面、方向舵、平尾安定面和升降舵。以小攻角飞行时，这种布局具有使平尾避开机翼尾流的影响、操纵效率高的优点，而且这种构型便于后机身的大开口，有利于搭载重型设备，所以常规的无人机尾翼都采用了单立尾构型。

根据立尾相对于平尾的位置，尾翼又可以分为常规型尾翼、T形尾翼、十字形尾翼。常规型尾翼：这种布局形式的尾翼，平尾在垂尾的下面，通常能够以最轻的结构重量提供足够的稳定性和操纵性，这种布局形式在飞机上应用最为广泛，如图2-20a所示。T形尾翼：这种布局形式的尾翼，平尾位于垂尾顶部，垂尾结构往往需要加强如图2-20b所示。

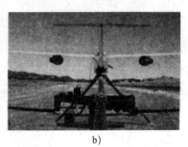

图2-20　单立尾布局

a) 常规型尾翼　b) T形尾翼

（2）双立尾布局　双立尾布局通常包括常规双立尾布局、双尾撑双立尾布局和H形尾翼布局。常规双立尾布局是指在机身上装有两个立尾的布局形式，以增加航向稳定性，如图2-21a所示。双尾撑双立尾布局是指在向后延伸的两个尾撑上安装两个立尾的布局形式，如图2-21b所示。H形尾翼布局通常在大型运输机中使用，是一种在平尾两端安装两个立尾的布局形式，从前后看平尾和立尾构成一个H字样，称为H形尾翼，如图2-21c所示。

图2-21　双立尾布局

a) 常规双立尾　b) 双尾撑双立尾　c) H形尾翼

（3）V形尾翼布局　V形尾翼具有较好的隐身性能和较小的干扰阻力，在隐身飞机和无人机中广泛采用。通常可分为正V形尾翼（两片尾翼向上张开，见图2-22a）和倒V形尾翼（两片尾翼向下张开，见图2-22b）。此外，还有一些特殊布局形式的尾翼，如Y形尾翼（见图2-22c）和环形尾翼等。

图 2-22　V 形尾翼布局

a) 正 V 形尾翼　b) 倒 V 形尾翼　c) Y 形尾翼

（4）三角翼布局　三角翼无人机是翼身融合为三角翼形式的无人机，如图 2-23 所示。它的机翼前缘后掠，后缘基本平直，俯视平面形状为三角形。这类无人机的特点：体积小，重量轻，机翼结构强度大、抗风能力强，水平机动性能好，而且后掠角大，阻力小；机身、机翼和垂尾可拆卸组装，操作简单，机型小巧，运输方便，能弹射起飞，伞降着陆，对场地无特殊要求，也适合在山区等艰苦条件下作业。

图 2-23　三角翼无人机

综上所述，四类机型有各自的特点和优缺点，见表 2-1。

表 2-1　四类尾翼的特点和优缺点

机　型	特　点	优　缺　点
常规尾	单立尾与平尾正交	可避开主翼的下洗气流，效率高，T 形尾提高了垂尾的强度，增加了无人机的重量
双立尾	双垂尾翼	携带载荷大，抗外界干扰能力强，飞行平台稳定可靠，升阻比相对高，可以缩短起降距离
V 形尾翼	尾翼呈 V 形	结构稳定可靠，但是对机身的抗扭能力要求高，很难做到精准控制。在同时需要飞行速度航线精准，结构强度与舵面失速的需求时，V 形尾翼无人机是最优的选择
三角翼	翼身融合于一体，呈三角形	体积小，重量轻，机翼结构强度大，抗风能力强，水平机动性能好，而且后掠角大，阻力小，飞行中转弯灵活，气动效率高，但是在低速情况下机动性和操纵性不佳

2. 纵向气动布局

根据机翼及平尾的有无及前后位置，通常可以将固定翼无人机分成：常规气动布局、鸭式气动布局、无尾气动布局、三翼面气动布局。

（1）常规气动布局　常规气动布局的特点是升力的机翼在前，而起俯仰配平作用和俯仰操纵作用的水平尾翼在后。这种气动布局是使用较多的一种布局形式，由于技术非常成熟，纵向稳定性好，在各种类型的飞机上被广泛采用，如图 2-24a 所示。

（2）无尾气动布局　无尾气动布局的特点是只有产生升力的机翼，既没有平尾也没有鸭翼，甚至没有垂尾。这种气动布局的优点是阻力小、隐身性能好；缺点是稳定性不好，不适合布置增升装置。无尾气动布局形式广泛应用于现代隐身飞机，如图 2-24b 所示。

 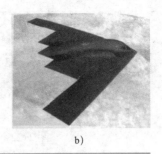

a)   b)

图 2-24　纵向气动布局

a) 常规气动布局　b) 无尾气动布局

2.2　多旋翼无人机的机体结构和布局

2.2.1　多旋翼无人机的机体结构

多旋翼无人机一般包括机架、起落架、电动机和电子调速器（以下简称电调）、电池、螺旋桨、飞控系统、遥控装置、GPS 模块、任务设备和数据链路，如图 2-25 所示。

扫码看视频

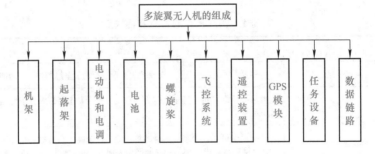

图 2-25　多旋翼无人机结构组成

1. 机架

机架是大多数设备的安装位置，也是多旋翼无人机的主体，也称为机身。电动机、电调和飞控板（即飞行控制器）等设备都要安装在机架上面。

按材质机架一般可以分为以下几种类型：

（1）塑胶机架　其主要特点是具有一定的刚度、强度和可弯曲度，价格比较低廉。

（2）玻璃纤维机架　其主要特点是强度比较高，而且需要的材料很少，可以减轻整体机架的重量。

（3）碳纤维机架　其特点是价格要贵一些，但重量要轻一些。

出于结构强度和重量考虑，一般采用碳纤维材质。碳纤维机架如图 2-26 所示。

图 2-26　碳纤维机架

机架的主要作用如下：

1）提供安装接口。这些接口包括安装和固定电动机、电调、飞控板的螺纹孔。

2）为整体提供稳定和坚固的平台，使电动机在转动过程中不会毁坏其他设备，并为传感器提供一个稳定的平台。

3）用于安装起落架等缓冲设备，为飞行器提供安全的起飞和降落条件，避免损坏其他仪器。

4）为其他装置提供相应的保护，保护飞行器本身和可能接触到的操作人员。

2. 起落架

它是多旋翼无人机唯一和地面接触的部位。作为整个机身在起飞和降落时候的缓冲，也是为了保护机载设备，要求起落架具有强度高、结构牢固，和机身保持相当可靠的连接，能够承受一定的冲力等特点。

3. 电动机

电动机是多旋翼无人机的动力机构，提供升力、推力等。无刷电动机去除了电刷，最直接的变化是没有了有刷电动机运转时产生的电火花，这样就极大减少了电火花对遥控无线电设备的干扰，运转时摩擦力大大减小，运行顺畅，噪声降低许多。无刷电动机如图 2-27 所示。

4. 电调

电调即电子调速器，可以将飞控系统的控制信号转变为表示电流大小的信号，用于控制电动机的转速。无刷电调如图 2-28 所示。因为电动机的电流是很大的，通常每个电动机正常工作时平均有 3A 左右的电流，如果没有电调，则飞控系统无法承受这样大的电流，而且飞控系统也没有驱动无刷电动机的功能。同时电调在多旋翼无人机中也充当了变压器的作用，将 11.1V 电压变为 5V 电压给飞控系统供电。

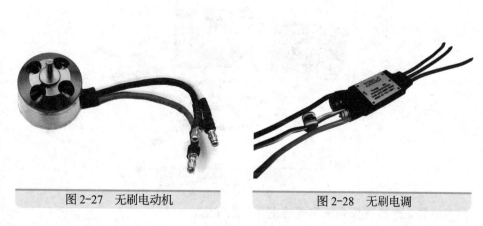

图 2-27　无刷电动机　　　　　　　　图 2-28　无刷电调

5. 电池

电池是电动多旋翼无人机的供电装置，给电动机和机载电子设备供电。最小是 1S（1 节）

电芯，常用的是3S、4S、6S电芯组，1S标注电压为3.7V。图2-29所示是锂电池。

6. 螺旋桨

螺旋桨如图2-30所示，它安装在电动机上。多旋翼无人机安装的都是不可变总距的螺旋桨，主要参数有螺距和尺寸。

图2-29　锂电池　　　　　　　图2-30　螺旋桨

桨的指标是4位数字，前面两位代表桨的直径（单位：in，1in≈0.0254m），后面两位是桨的螺距。

四轴飞行为了抵消螺旋桨的自旋，相邻的桨旋转方向是不一样的，所以需要正反桨。正反桨的风都向下吹。适合顺时针旋转的称为正桨、适合逆时针旋转的是反桨。安装时注意，无论正反桨，有字的一面都是向上的（桨叶圆润的一面要和电动机旋转方向一致）。

7. 飞控系统

飞控系统是多旋翼无人机的核心设备，飞控系统的好坏从本质上决定了无人机的飞行性能。它包括陀螺仪、加速度计、电路控制板和各外设接口。飞控系统如图2-31所示。

图2-31　NAZA飞控系统

多旋翼无人机飞控系统完成的主要功能如下。

1）处理来自遥控器或自动控制的信号，这时飞控系统需要识别遥控器或自动控制的信号，完成要求的飞行姿态或其他指令。

2）控制电调，此时飞控系统给电调发送信号调节电动机的转速，实现控制改变飞行姿态的功能。

3）可以通过一些板载的测量元件，在没有任何控制的情况下，通过控制电调的输出信号保持多旋翼无人机的稳定。

8. 遥控装置

它包括遥控器和接收机，接收机装在无人机上。通常按照通道数将遥控器分成六通道、八通道、十四通道遥控器等。

9. GPS模块

它用于测量多旋翼无人机当前的经纬度、高度、航迹方向、地速等信息。一般在 GPS 模块中还会包含地磁罗盘（三轴磁力计），用于测量飞机当前的航向。

10. 任务设备

目前最多的就是云台，常用的有两轴云台和三轴云台；云台作为照相机或摄像机的增稳设备，提供两个方向或三个方向的稳定控制。云台可以和控制电动机集成在一个遥控器中，也可以用单独的遥控器控制。

11. 数据链路

数据链路包括数传和图传。数传即数字传输，包括数传终端和地面控制站（笔记本式计算机或手机等数据终端），接收来自飞控系统的数据信息。图传即图像传输，包括接收机载相机或摄像机拍摄的图像，一般延迟在几十毫秒，还有高清数字图传，其传输速率和清晰度都有很大提高。

2.2.2　多旋翼无人机的布局

多旋翼按形状分为十字形、X 形、H 形、Y 形、上下布局等。

1. 十字形布局（见图2-32）

特点：十字形多旋翼是最早出现的一种气动布局，因为其控制前后左右的飞行比较直观，只需改变少量电动机转速就可实现，便于飞控算法的开发，但在航拍时飞机正前方螺旋桨会进入画面。

图 2-32　十字形布局

2. X形布局（见图2-33）

特点：X 形多旋翼目前最常见，尤其是小尺寸 4 旋翼由于结构简单受到很多飞行器爱好者的喜爱。相比于十字形多旋翼，前后左右动作时加减速的电动机较多，控制比较迅速和有力。

3．H形布局（见图2-34）

特点：其特点在于比较易于设计成水平折叠结构，看起来比X形厚重，又拥有与X形相当的特点，结构简单，方便控制。

图2-33　X形布局　　　　　　　图2-34　H形布局

4．上下布局（见图2-35）

特点：上下布局多用于体积受到限制，但是对载重量又有较大需求的场合，使用3旋翼或4旋翼的尺寸可以做到6旋翼或8旋翼的载重量。

激光雷达

图2-35　上下布局

5．其他布局

例如8轴16旋翼、6轴18旋翼（见图2-36）、4轴16旋翼等。

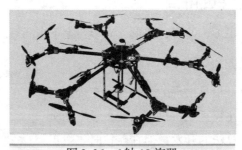

图2-36　6轴18旋翼

2.3　无人直升机的机体结构与布局

2.3.1　无人直升机的机体结构

无人直升机是具有一副或两副主旋翼，通过旋翼的倾斜、转速的调整来产生各个运动方向的力的无人驾驶航空器。

无人直升机的主要结构包括机身、动力系统、传动系统、旋翼系统、航电系统、尾翼及起落架等，如图2-37所示。

图2-37 无人直升机的主要结构

1）机身：无人直升机机身结构有桁架式结构（见图2-38）、薄壁式结构（见图2-39）和复合材料夹层结构（见图2-40）。

图2-38 桁架式结构

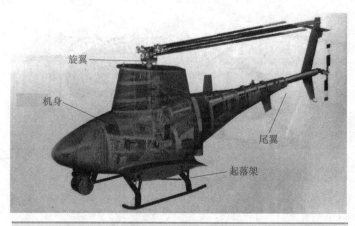

图2-39 薄壁式结构

图 2-40　复合材料夹层结构

2）旋翼：旋翼结构有全铰接式（见图 2-41）、跷跷板式（见图 2-42）、柔性铰式（见图 2-43）和无轴承式（见图 2-44）四种结构。

3）尾翼结构：直升机尾翼包括垂直安定面和水平安定面，如图 2-45 所示。

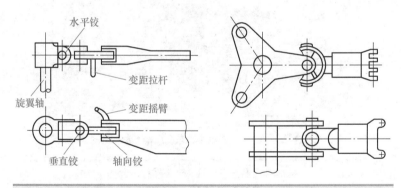

图 2-41　全铰接式结构

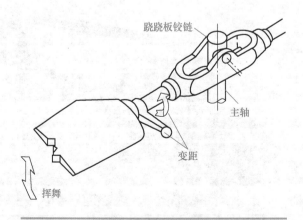

图 2-42　跷跷板式结构

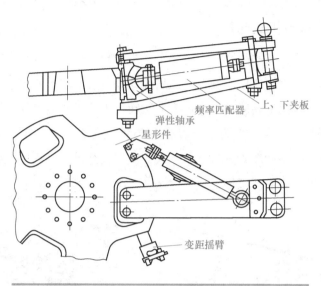

图 2-43　柔性铰式结构

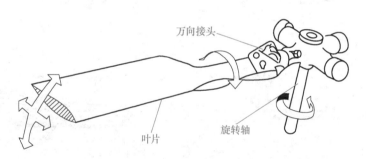

图 2-44　无轴承式结构

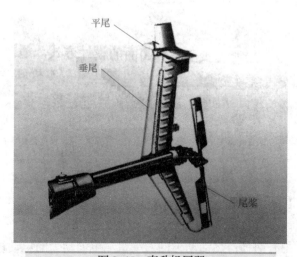

图 2-45　直升机尾翼

2.3.2 无人直升机的布局

旋翼在空气中旋转，对周围空气产生一个作用力矩，根据牛顿第三定律，空气必定以大小相等、方向相反的力矩作用于旋翼，然后传到机体上。此时如果不采取平衡措施，这个反作用力矩会使机体向旋翼旋转的相反方向旋转。为了平衡这个反作用力矩，需要采用不同的直升机布局形式。直升机的布局如图 2-46 所示。直升机的布局形式按旋翼数量和布局方式的不同可分为单旋翼直升机、共轴式双旋翼直升机、纵列式双旋翼直升机、横列式双旋翼直升机和带翼式直升机等类型。

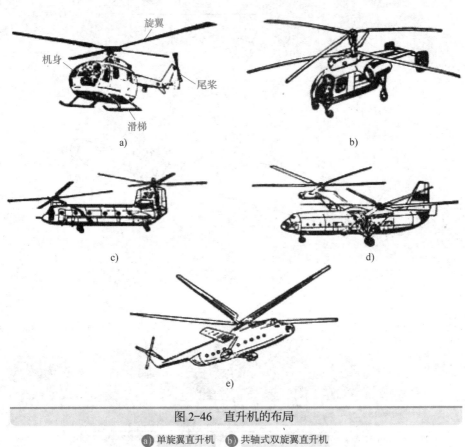

图 2-46 直升机的布局

a) 单旋翼直升机 b) 共轴式双旋翼直升机
c) 纵列式双旋翼直升机 d) 横列式双旋翼直升机 e) 带翼式直升机

2.4 动力系统

无人机的动力类型有两种：燃油动力的发动机和电池动力的电动机，无人机的动力类型如图 2-47 所示。

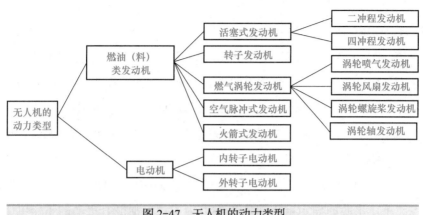

图 2-47　无人机的动力类型

2.4.1　电动动力系统

1. 电调

电动机的调速系统统称为电调，全称为电子调速器，针对动力电机的不同，可分为有刷电调和无刷电调。（在前面 2.2.1 中已介绍）

电调的连接，通常如下：

1）电调的输入线与电池连接。

2）电调的输出线（有刷两根，无刷三根）与电动机连接。

3）电调的信号线与接收机连接。

另外，电调一般有电源输出功能，即在信号线的正负极之间有 5V 左右的电压输出，通过信号线为接收机及舵机供电。

2. 电动机

（1）电动机的作用　电动机是多旋翼无人机的动力机构，提供升力、推力等。

（2）常用参数　T 数、KV 值、尺寸。直流无刷电动机如图 2-48 所示。

T 数：它表示线圈绕了多少圈。无刷电动机因为受结构限制，都是从输入端开始，结束于另外一侧，因此常见都是多半圈。

KV 值：转速 /V，含义为输入电压增加 1V，无刷电动机空转增加的转速值。

图 2-48　直流无刷电动机

尺寸：电动机的型号，包括 4 位数字，如 2212 电动机、2018 电动机等，其中前面两位表示电动机转子的直径，后面两位表示电动机转子的高度。

3．电池

（1）锂聚合物电池

1）电池容量：用 Ah（安时）或者 mAh（毫安时）标注，这表示在一定条件下（放电倍率、温度、终止电压等）电池放出的电量大小。例如，标称 1000mAh 的电池，如果以 1000mA 的电流放电，可持续放电 1h。如果以 500mA 的电流放电，可以持续放电 2h。但是因为电池放电过程并不均匀，实际值和理论值还是有些差距。严格来说，电池容量也可以 Wh 表示，Ah 乘以电压就是 Wh。

2）电池电压：用 V 标注，表示电池正、负极之间的电压降。目前工业生产的每一个锂聚合物电池单体电芯的额定电压都是 3.7V，为了让电池能有更高的工作电压和电量，必须对电池单体电芯进行串联和并联构成锂聚合物电池组，电池组上面经常出现 S 和 P 的字样，S 表示串联，P 表示并联。例如，"6S1P"表示 6 节电芯串联，"4S2P"表示每 4 节电芯串联，然后 2 串这样的电芯组再并联成一块完整的电池。电芯单体 1 节标注电压为 3.7V，充满电压为 4.2V。锂聚合物电池电芯组合方式如图 2-49 所示。

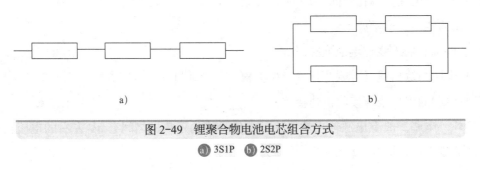

a)

b)

图 2-49　锂聚合物电池电芯组合方式

a) 3S1P　b) 2S2P

3）放电倍率：锂聚合物电池能以很大电流放电，而普通锂离子电池不能以大电流放电，这是两者重要的区别之一。放电倍率代表了锂聚合物电池放电电流的大小，代表电池放电能力，这个放电能力用 C 来表示，表示电池充、放电时电流大小的比率，即倍率。例如，2200mAh 的电池，0.2C 放电表示放电电流为 440mA（2200mAh 的 0.2 倍率），1C 放电表示放电电流为 2200mA 即 2.2A。如果用低 C 数的电池大电流放电，电池会迅速损坏，甚至自燃。另外，倍率越高的电池价格越贵，同容量的 30C 电池价格可能是 5C 的 3～4 倍。

4）充电倍率：充电倍率也是用 C 表示，只是将放电变成了充电，如 1000mAh 的电池、2C 充电就代表可以用 2A 的电流来充电。超过规定参数充电，很容易缩短电池寿命，甚至使其损坏。

5）放电终止电压：锂离子电池的额定电压为 3.6V（锂聚合物为 3.7V），终止放电电压为 2.5～2.75V（由电池厂商给出工作电压范围或给出终止放电电压，各参数略有不同）。

电池的放电终止电压不应小于 2.5V，低于终止放电电压继续放电称为过放，过放会使电池寿命缩短，严重时会导致电池失效，其中锂聚合物电池过放会"胀肚"，内部产生气体，不可复原。电池不用时，应将电池充电到安全电压值（3V 以上）范围内。

6）放电温度：在不同温度下，锂离子电池的放电电压及放电时间也不同，电池应在 −20 ~ 60℃温度范围内进行放电工作。锂聚合物电池中的聚合物和凝胶态电解质的离子传导率不如普通锂电池液态电解质那么高，其在高倍率放电和低温情况下性能不佳。因此在低温环境飞行中，在飞行前需要给电池做好保温。

（2）智能锂电池　多旋翼无人机飞行器或航模基本使用了可充电的锂电池，这种电池的特点是不能过放电，一旦过放就意味着电池性能的下降。为了避免过放电，人们在电池组里增加了过放电保护电路，当放电电压降到预设电压值时，电池停止向外供电。这是智能电池自我保护的最后一道防线，在此之前，管理电路还是要计算出末端续航时间为用户提供预警，以便用户有足够的时间采取相应的安全措施。

有些电池生产的厂商针对这种情况专门做了一些安全优化，如：

第一级：当检测到电量剩余 30% 时，开始报警，提示用户应该注意剩余电量，提前做好返航准备。

第二级：当检测到剩余电量仅够返航时，开始自动执行返航；而这个时间点的把握，与飞行距离、高度有关，是智能电池数据与无人机飞控数据融合后实时计算出来的。

第三级：当检测到剩余电量都不足以维持正常返航时（例如在返航途中遇到逆风，有可能超出预估的返航时间），执行原地降落，以最大限度避免无人机因缺电而导致坠毁。

续航时间的计算结果与飞行距离、飞行高度、当前电动机输出功率等因素有关。这些因素是动态变化的，而且变化幅度可能很大，都需要实时计算，这对智能锂电池管理芯片和算法设计都提出了极高的要求。

（3）太阳能电池　太阳能电池是通过光电效应或者光化学效应直接把光能转化成电能的装置。目前，美国、俄罗斯、英国、日本、中国等国均已研制出太阳能无人机。太阳能无人机无须携带燃料，具有续航时间长、使用灵活、运行成本低等优点，它可快速飞抵战区，成为执行高空侦察、监视、情报作战、通信中继等任务的理想空中平台。

（4）氢燃料电池　氢燃料一般指的是液态氢燃料。氢燃料电池是通过将氢气的化学能转化为电能来产生动力的，氢燃料电池具有续航时间长、环保等优点。

2.4.2　燃油发动机

发动机是一种把化学能转换为机械能从而为飞行器提供飞行动力的装置。燃油（料）

发动机按结构特点，可以分为：活塞式发动机、转子发动机（见图2-50）、燃气涡轮发动机（见图2-51）、空气脉冲式发动机、火箭式发动机等。

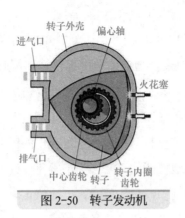

图 2-50 转子发动机

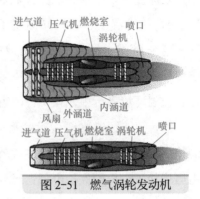

图 2-51 燃气涡轮发动机

1．活塞式发动机

活塞式发动机是让燃料在发动机气缸内部燃烧，将燃料的化学能转变成热能，然后利用热能推动气缸内的活塞做功，最终转变成机械能的机器。

活塞的结构如图2-52所示，使油料燃烧的方法有两种：采用高压电火花点燃或通过压缩空气产生高温使油料自燃。用电火花点燃油料进行燃烧的发动机称为点燃式发动机（见图2-53）；利用压缩空气产生的高温点燃油料进行燃烧的发动机称为压燃式发动机（见图2-54）。常见的压燃式发动机还包括二冲程的甲醇发动机。

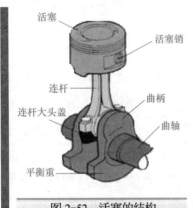

图 2-52 活塞的结构

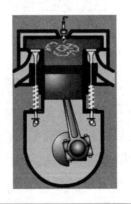

图 2-53 点燃式汽油发动机

图 2-54 压燃式柴油发动机

根据活塞式发动机的工作原理的不同，还可以把活塞式发动机分为四冲程汽油发动机和二冲程汽油发动机两种类型。

（1）四冲程汽油发动机的结构及工作原理

四冲程汽油发动机的结构如图2-55所示，其工作原理如图2-56所示。

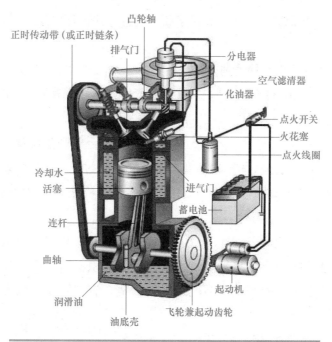

图 2-55 四冲程汽油发动机的结构

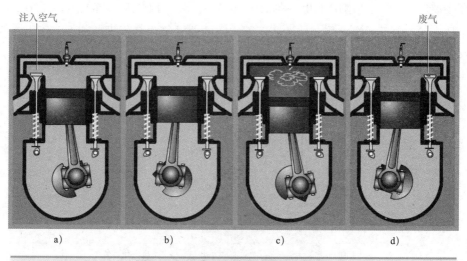

a)   b)   c)   d)

图 2-56 四冲程汽油发动机的工作原理

a) 吸气　b) 压缩　c) 做功　d) 排气

1）吸气：活塞被曲轴带动由上止点向下止点移动，同时进气门开启，排气门关闭。当活塞由上止点向下止点移动时，活塞上方的容积增大，气缸内气体压力下降，形成一定的真空度。由于进气门开启，气缸与进气管相通，混合气被吸入气缸。

进气道上的化油器将汽油吸入并雾化成细小的油粒与经过空气滤清器的空气混合，

即形成可燃混合气,而后进入气缸。

当活塞移动到下止点时,气缸内充满了新鲜混合气并含有部分上一个工作循环未排出的废气。

2)压缩:活塞由下止点移动到上止点,进、排气门关闭。曲轴在飞轮惯性力的作用下旋转,通过连杆推动活塞向上移动,气缸内的气体容积逐渐减小,气体被压缩,气缸内的混合压力与温度随之升高。

3)做功:进、排气门同时关闭,火花塞点火,混合气剧烈燃烧,气缸内的温度、压力急剧上升,高温、高压气体推动活塞向下移动,通过连杆带动曲轴旋转。在发动机工作的四个过程中只有在这个行程才实现由热能转化为机械能,因此这个行程称为做功行程。

4)排气:排气门打开,活塞从下止点移动到上止点,废气随着活塞的上行被排出气缸。由于排气系统的阻力,且燃烧室也有一定的容积,因此在排气结束时不可能将废气排净,这部分留下来的废气称为残余废气。残余废气不仅影响充气,对燃烧也有不良影响。

(2)二冲程汽油发动机的结构及工作原理

二冲程汽油发动机的结构如图 2-57 所示,其工作原理如图 2-58 所示。

1)压缩、进气:活塞由下止点向上止点移动,关闭扫气道和排气道,压缩已经进入气缸的混合气。由于活塞上移,使活塞下部密闭的曲轴箱内容积不断加大,压力降低,形成真空度,当活塞下边缘将进气道打开时,在大气压力的作用下,可燃混合气被吸入曲轴箱内。

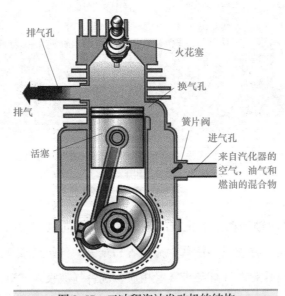

图 2-57 二冲程汽油发动机的结构

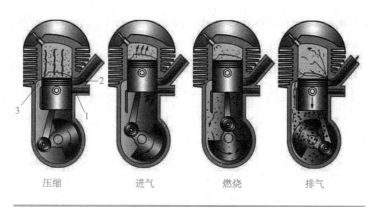

压缩　　　　　进气　　　　　燃烧　　　　　排气

图 2-58　二冲程汽油发动机的工作原理

1—进气道　2—排气道　3—扫气道

2）燃烧、排气：当上一行程活塞接近上止点时，火花塞点火，点燃已压缩的混合气体。由于混合气体燃烧并急剧膨胀，推动活塞向下移动做功，同时压缩了曲轴箱内的可燃气体。活塞向下移动将排气道打开，具有一定压力的废气很快经排气道冲出体外。活塞继续向下移动，随即扫气道也被打开，曲轴箱内被压缩的可燃混合气体经扫气道进入气缸体内，同时驱逐气缸内的废气继续排出。

由于曲轴转动一圈就有一次做功，因此，当二冲程汽油发动机与四冲程发动机气缸工作容积、压缩比、曲轴转速、每循环供油量以及其他条件相同时，二冲程汽油发动机的实际功率将比四冲程汽油发动机的要大。但其耗油大、废气污染大、可靠性和经济性较差。

2．燃气涡轮发动机

（1）燃气涡轮发动机的组成　航空涡轮发动机通常由进气道、压气机、燃烧室、燃气涡轮、尾喷管五个部分组成，如图 2-59 所示。

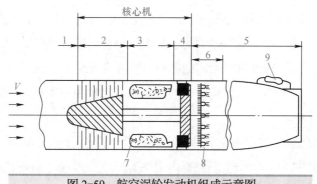

图 2-59　航空涡轮发动机组成示意图

1—进气道　2—压气机　3—燃烧室　4—燃气涡轮　5—尾喷管　6—加力燃烧室
7—喷油嘴　8—加力喷油嘴　9—可调喷口作动筒

1）进气道。进气道是发动机的进气通道，其作用是整理进入发动机的气流，消除旋涡，并利用飞行时冲入的气流提高压力。

2）压气机。压气机（压缩机）是利用高速旋转的叶片对空气做功，以提高空气压力的部件。压气机有离心式和轴流式两种形式。

①离心式压气机。离心式压气机又称径向外流压气机，由进气系统、叶轮、扩压器和集气管等部分组成（见图2-60）。压气机通过中间联轴节与涡轮轴相连接。其主要特点是：单级增压比高，增压比可达15:1；稳定的工作范围宽，结构简单可靠、重量轻、长度短，所需要的起动功率小。但是它的流动损失大，不适用于多级；效率较低。离心式压气机主要用于小型涡轮轴、涡桨发动机以及APU上。它也与轴流式压气机配合作为压气机的最后一级，用于某些涡扇型发动机上。

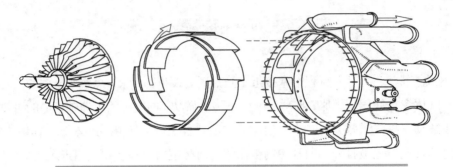

图 2-60 离心式压气机

②轴流式压气机。轴流式压气机由带有许多翼型截面叶片的一个或多个转子和与机匣固定在一起不动的静子组成，静子也有许多翼型截面叶片。转子对空气做功，压缩空气提高空气压力；静子使空气扩压，继续提高空气压力。这种压气机是一个多级装置，因为每一级的压力升高量很小。每一级包含一排旋转叶片和对应的一排静子叶片。其优点是可以通过增加级数的方法提高压气机的总增压比，以提高压气机的效率，通常效率可达87%以上；缺点是单级增压比低，结构复杂。

3）燃烧室。燃烧室是将压气机流出来的高压空气与燃料混合，并进行燃烧的装置。在燃烧室里，燃料（如航空煤油）中的化学能经过燃烧转变为热能，使气体温度大幅度提高。燃烧室的高温、高压燃气具有很高的能量（热能和热势），用于在燃烧室后的涡轮和尾喷管中膨胀做功。用于燃气涡轮发动机的燃烧室有三种主要类型，即多个单管燃烧室、环管形燃烧室和环形燃烧室。

①多个单管燃烧室。多个单管燃烧室（见图2-61）用于离心式压气机发动机和早期的轴流式压气机发动机中。每一个燃烧室内部均有一个火焰筒，围绕它的是空气机匣。该型燃烧室的优点是设计简单，结构强度好，能够单独拆卸和更换；缺点是重量较重且需要更多的空间，还需要复杂的来自压气机的空气供应管路，导致气动损失非常高，从一个室到其他室点火困难。单管燃烧室如图2-62所示。

②环管形燃烧室。环管形燃烧室填补了从多个单管燃烧室过渡到环形燃烧室的空档。它的结构是多个火焰筒装在一个共同的空气机匣里，如图2-63所示。这种布局兼有多个

单管燃烧室的易于翻修和试验以及环形系统紧凑的优点。其优点是比多个单管燃烧室的尺寸小、重量轻，它不需要复杂的空气供应管路，结构强度好。缺点是气动损失很高，从一个火焰筒到另一个火焰筒点火困难。

③ 环形燃烧室。它有一个火焰筒，其形状完全是环形的，装在内外机匣之间，如图2-64所示。燃烧室的前部向压气机敞开，后端连接涡轮导向器。其优点是节省了重量和成本，消除了各个燃烧室之间的燃烧传播问题。与环管形燃烧室比较，燃烧效率得到了提高，消除了未燃烧的燃油，并将一氧化碳转化成无毒的二氧化碳，从而减少了对空气的污染。环形燃烧室的缺点是制造费用高、拆卸困难且耗费时间。

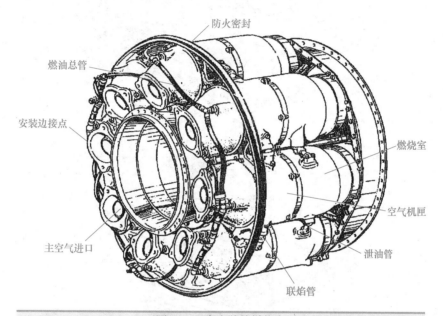

图 2-61　多个单管燃烧室

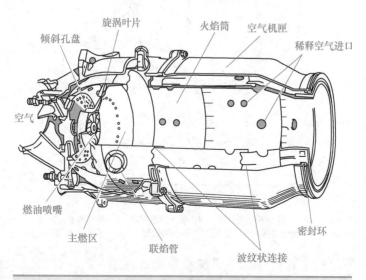

图 2-62　单管燃烧室

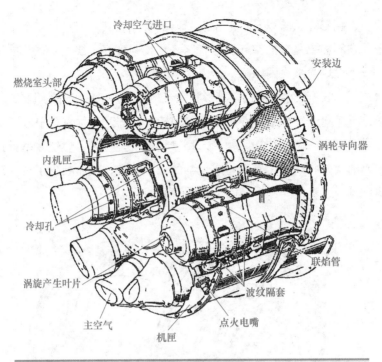

图 2-63 环管形燃烧室

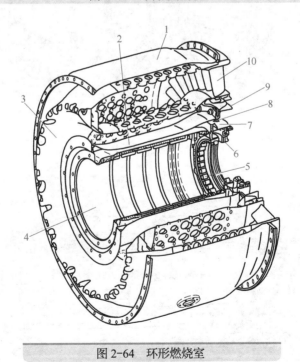

图 2-64 环形燃烧室

1—机匣 2—内机匣 3—火焰筒 4—转子轴热屏蔽 5—滚柱轴承 6—碳封严
7—封严支架 8—轴承壳体 9—涡轮封严 10—涡轮导向器

4）涡轮。涡轮的主要作用是将燃烧室流出的高温、高压燃气的大部分能量转化为机械能，是使由涡轮轴输出的、高速旋转并将产生大量高温的高压燃气的能量转变为机械能的一种叶片机。涡轮发动机中，燃气涡轮的机械能以轴功率的形式输出，用来驱动压气机、螺旋桨、旋翼和其他附件。

涡轮（见图2-65）的类型有径向内流式和轴流式。两种类型有同样的主要部件，第一个主要部件是静子叶片组，静子叶片也称涡轮喷嘴导向叶片、涡轮喷嘴环或涡轮导向器。第二个主要部件是装在涡轮盘上的转子叶片组。静子由导向器和固定它的机匣组成，转子由工作叶片、轮盘与轴组成，又称涡轮转子。一个导向器和一个涡轮转子组合成一个涡轮级。涡轮可由一个或几个涡轮级组成，分别称为单级涡轮或多级涡轮。

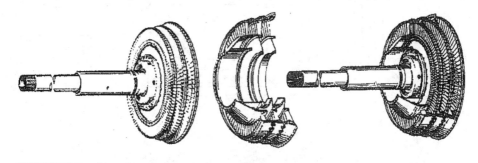

图2-65　涡轮

5）尾喷管。尾喷管是发动机的排气系统，不同的燃气涡轮发动机，尾喷管的设计都有所不同，它一般由中介管和喷口组成。如果发动机装在飞机中部或较长的发动机短舱内，为了将燃气引出机外，在中介管和喷口之间需要有一个延伸管，其主要作用是将由涡轮流出的、仍有一定能量的燃气膨胀加速，以较大的速度排出发动机，用以产生推力。利用燃气流产生反作用力的发动机都有较长的尾喷管，其作用是使燃气能在其中膨胀加速而获得较大的推力。

（2）燃气涡轮发动机的核心机　压气机、燃烧室、燃气涡轮是发动机的核心组成部分，称为核心机。发动机的工作主要由核心机完成。按核心机出口（即燃气涡轮出口）的燃气的可用能量的利用方式划分，燃气涡轮发动机分为涡轮喷气发动机、涡轮风扇发动机、涡轮螺旋桨发动机、涡轮轴发动机，简称"涡喷""涡扇""涡桨""涡轴"发动机。

（3）涡轮喷气发动机　涡喷发动机是利用核心机出口燃气的可用能量，在发动机尾喷管中转变成燃气的动能，以很高的速度从喷口排出而产生推动力的一种涡轮发动机。航空涡轮喷气发动机具有燃气涡轮发动机的五个主要组成部分，可以将其视为燃气涡轮发动机的基本形式，而其他涡轮发动机是在其基础上增加一些部件而形成的。

涡喷发动机的核心机与其他涡轮发动机相同。所不同的是尾喷管的设计应能满足燃气充分膨胀加速的要求，从而得到较大的推力。这种喷管以产生推力为主要作用，称为推进喷管。常见的推进喷管为一个收敛管道或先收敛后扩散管道，以增大排气速度。

涡喷发动机转速高、推力大、直径小，主要适用于超音速飞行，缺点是耗油率大，特别是低转速时更大，因此经济性差。此外，由于排气速度大，噪声也大。

（4）涡轮风扇发动机　涡轮风扇（涡扇）发动机（见图2-66）是推进喷管排出燃气

和风扇加速空气共同产生推力的涡轮发动机，这种发动机在涡喷发动机组成部分的基础上，增加了风扇和驱动风扇的动力（自由）涡轮（也称为低压涡轮）。带动压气机的涡轮，即核心机的涡轮在此称为高压涡轮。

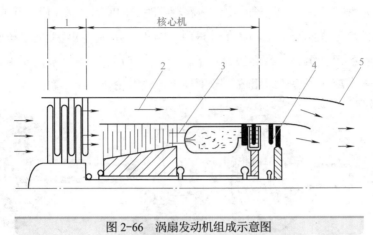

图 2-66　涡扇发动机组成示意图

1—风扇　2—外涵气流　3—内涵气流　4—动力涡轮　5—尾喷管

涡扇发动机有内涵和外涵两个通道。空气经过风扇之后分成两路：一路是内涵气流，经低压压气机、高压压气机、燃烧室、高压涡轮、低压涡轮，燃气从喷管排出；另一路是外涵气流，风扇后空气经外涵道直接排入大气或同内涵燃气一起在喷管排出。也就是说，涡扇发动机可以是分开排气的或混合排气的，可以是短外涵的或长外涵（全涵道）的。通过外涵的空气质量流量和通过内涵的空气质量流量之比称为涵道比。风扇可作为低压压气机的第 1 级由低压涡轮驱动，也可以由单独的涡轮驱动。

涡扇发动机的推力由两部分组成：内涵产生的推力和外涵产生的推力。对于高涵道比涡扇发动机，风扇产生的推力占到 78% 以上。涡扇发动机的工作是以质量附加原理为基础的。作为热机，发动机获得一定的机械能之后，通过将这部分可用能重新分配，将内涵的一部分可用能通过涡轮驱动风扇传递给外涵，增加发动机的总空气流量，减低排气速度，降低噪声，增大发动机推力，降低耗油率，这就是质量附加原理。

在高亚音速范围内与涡喷发动机相比较，涡扇发动机具有推力大、推进效率高、噪声低、燃油消耗率低等优点。涡扇发动机的缺点是风扇直径大，迎风面积大，因而阻力大，发动机结构复杂，其速度特性不如涡喷发动机。

（5）涡轮螺旋桨发动机　涡桨发动机是一种主要由螺旋桨提供拉力并由燃气提供少量推力的燃气涡轮发动机。这种发动机在涡喷发动机组成部分的基础上增加了螺旋桨及其减速器等部件。作为飞机的动力装置，涡桨发动机主要由螺旋桨产生拉力，而燃气产生的推力很小。涡桨发动机组成示意图如图 2-67 所示。

螺旋桨由涡轮轴通过减速器带动，其传动有两种方式：一种是由驱动压气机的涡轮轴直接带动，称为单轴式涡桨发动机，这种方式需要涡轮输出更大的功率，因此涡轮级数较多；另外一种方式是驱动压气机的涡轮与驱动螺旋桨的涡轮分开，各由一根轴与压气机和螺旋桨减速器相连。涡桨发动机的工作过程与涡扇发动机相似，由核心机出来的燃气可用能量，大部分在通过动力涡轮时转变成轴功率用以带动螺旋桨产生拉力，小部分用于在尾喷管中加速气流而产生推力。

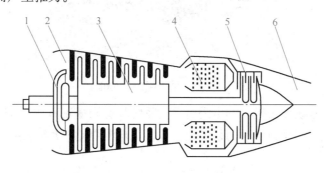

图 2-67　涡桨发动机组成示意图

1—螺旋桨减速器　2—进气口　3—压气机　4—燃烧室　5—燃气涡轮　6—喷管

涡桨发动机与活塞式航空发动机相比，具有功率重量比大、振动小、耗油率低、高空性能好的优点；与涡喷、涡扇发动机相比也有耗油率低的优点。受螺旋桨不适合高速飞行的限制，涡桨发动机不宜用作高速飞机的动力装置。

（6）涡轮轴发动机　涡轴发动机是利用燃气通过动力涡轮输出功率的一种燃气涡轮发动机，已是现代直升机的主要动力装置。涡轴发动机的组成部分和工作原理与涡桨发动机相同，只是核心机出口后，燃气的可用能量几乎全部转变成动力涡轮的轴功率，用以通过减速器带动直升机的旋翼和尾桨，因此燃气不提供推力。动力涡轮的输出轴可以由发动机前部伸出，也可以由后部伸出。

受直升机的旋翼和尾桨转速的限制，动力涡轮必须通过减速器才能带动旋翼和尾桨，涡轴发动机不能用于其他航空器。涡轴发动机与活塞式发动机相比，具有功率大、功率重量比大、体积较小的优点，因此涡轴直升机装载量、航程、升限、速度都比活塞式直升机大，经济性也更好。此外，由于涡轴发动机的运动部件较少，工作又是连续进行，所以振动也比活塞式发动机小。其缺点是构造较复杂、制造困难、成本高，减速器系统又大大增加了重量。

2.4.3　油电混合动力系统

1. 概述

油电混合动力系统是指油动和电动通过某种方式组合在一起并发挥某种优势性能的复合动力系统。油电混合动力系统由电驱动（太阳能或蓄电池）和常规发动机（活塞式发动机或燃气涡轮发动机）两种动力系统构成，油电混合无人机如图 2-68 所示。

图 2-68　油电混合无人机

相比纯油动力系统无人机，油电混合动力系统具有能量效率高、续航时间长、系统更安全更可靠等优点。相比纯电动力系统无人机，油电混合动力系统具有续航时间长、系统更安全、更可靠等优点。

2.基本结构

油电混合动力系统是指由两种以上能源（燃油和电池）提供动力的系统，其关键部件包括发动机、电动机、螺旋桨、电池等，如图 2-69 所示。

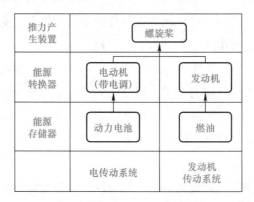

图 2-69　油电混合动力系统基本部件

目前，油电混合动力系统的基本结构按照连接方式的不同可分为三类：串联式油电混合动力系统、并联式油电混合动力系统和混联式油电混合动力系统。其中并联式结构是无人机相关领域中研究最多、应用最广的配置方案，如图 2-70 所示。

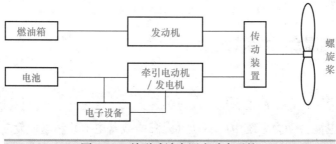

图 2-70　并联式油电混合动力系统

并联式混合动力系统通过机械联动装置将两种或两种以上动力源结合到一起为同一驱动轴提供动力，发动机与电动机均可以单独驱动螺旋桨，也可以使用力矩混合装置实现两者结合驱动。

2.5　导航系统

2.5.1　全球定位系统

1．GPS概述

全球定位系统（Global Positioning System，GPS）是一种基于卫星的、长距离的、全球性的导航系统。GPS 是一种全天候的无线电导航系统，由空间部分、控制部分和用户部分组成，如图 2-71 所示。

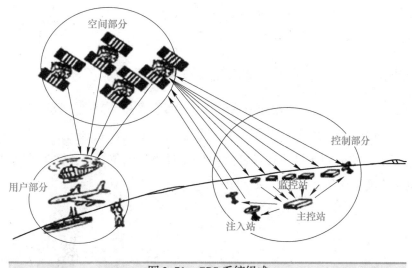

图 2-71　GPS 系统组成

在地球上空 10 900n mile（1n mile=1 852m）的轨道上，有 21 颗工作卫星和 3 颗备用卫星。每个卫星绕轨道一周需要 12h。每颗卫星向外发射包括传输时间在内的信号。机载 GPS 组件比较信号的接收时间与发射时间，并计算出这一信号的传输时间。通过这一传输时间，就能确定飞机到卫星的距离。因为无线电信号在空间传播的速度是光速。当机载 GPS 能收到至少 4 颗卫星的信号时，它就能计算出飞机所在位置的纬度、经度和高度。因为 GPS 中存储了所有卫星的轨道位置数据，它也被称为星历，如图 2-72 所示。

GPS 提供两种服务，一种是精确定位服务，用 PPS 表示，仅用于军事；另一种是标准定位服务，用 SPS 表示，用于民用航空。

GPS 使用的频率是 1575.42 MHz，其定位精度在 15 ～ 25m 之间。

在使用标准定位服务时，15m 的定位精度太低，飞机不能利用 GPS 的定位数据着陆，这一不足可以通过差分 GPS 进行改善，即 DGPS。

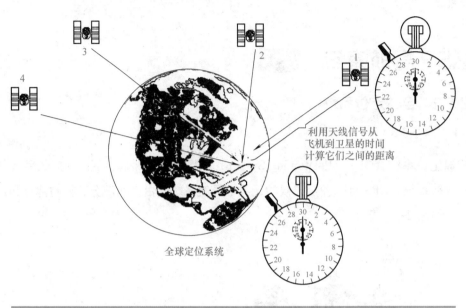

图 2-72　GPS 基本原理

DGPS 是在机场上建造一个已知精确位置（纬度、经度、高度）数据的基准台，然后利用 GPS 计算该基准台的位置，将已知位置数据与测量位置数据比较会产生位置误差。这一位置误差信号发射到飞机，利用它修正 GPS 计算出的位置误差。采用这种方法，可以使其定位准确度提高到大约 3m，如图 2-73 所示。

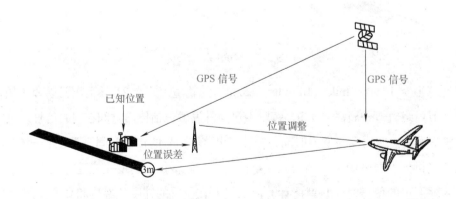

图 2-73　差分全球定位原理

在飞机上安装有两部 GPS，每部 GPS 都有一部安装于机身顶部的天线，用于接收卫星信号。卫星信号传送到 GPS 接收机，GPS 接收机在对信号处理后，将其送到飞行管理系统进行导航计算，如图 2-74 所示。

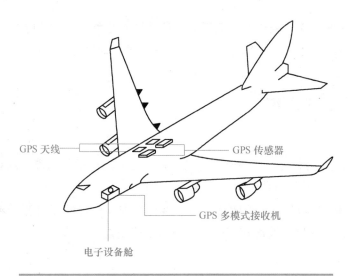

图 2-74　GPS 安装位置

2．GPS定位解算

GPS 是利用卫星进行定时和测距的全球定位系统。图 2-75 为 24 颗卫星的分布图，以空间位置已知的卫星作为基站，发射无线电信号，地面或近地面的接收机测量无线电信号传播的距离和速度，计算用户的位置。测距必须知道卫星和接收机的时间，接收到信号得到标志时间，已知卫星的发射时间就可以计算出这个距离。

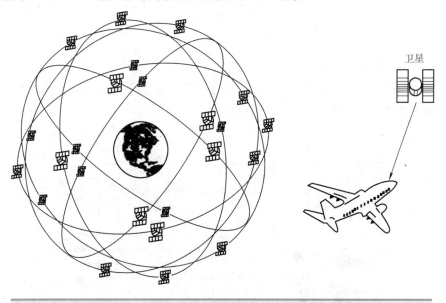

图 2-75　24 颗卫星的分布图

3．GPS信号接收机的任务

1）捕获按一定卫星高度截止角所选择的待测卫星的信号，并跟踪这些卫星的运行。

2）对所接收得到的 GPS 信号进行变换、放大和处理，以便测量出 GPS 信号从卫星到接收机天线的传播时间。

3）解译出 GPS 卫星所发送的导航电文，存储这些测量值、导航电文。

4）实时地计算出测站的三维位置，甚至三维速度和时间。

2.5.2 惯性导航系统

1. 概述

惯性导航是通过测量飞机的加速度（惯性）并自动进行积分运算，以获得飞机即时速度和即时位置数据的一门综合性技术。

二自由度导航原理如图 2-76 所示。用一种称为加速度计的仪表测量到飞机（物体）的运动加速度后，飞机即时速度和即时位置可由下式获得

$$a = \frac{\mathrm{d}v}{\mathrm{d}t} = \frac{\mathrm{d}^2 S}{\mathrm{d}t^2}$$

$$v = v_0 + \int_0^t a \mathrm{d}t$$

$$S = v_0 \int_0^t \mathrm{d}t + \frac{1}{2} a \int_0^t \int_0^t \mathrm{d}t^2$$

若初始时刻的初速度 v_0=0，初始位移 S_0=0，则有

$$v = \int_0^t a \mathrm{d}t$$

$$S = \frac{1}{2} a \int_0^t \int_0^t \mathrm{d}t^2$$

不管初始值 v_0 与 S_0 是否为 0，在应用上述速度和位移公式时均可计算出任何时刻的速度和任何一段时间内飞机（物体）所飞过的路程。

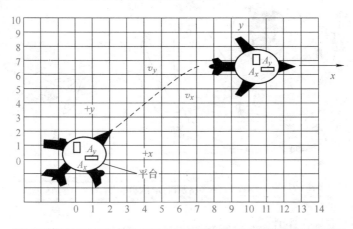

图 2-76　二自由度导航原理

图 2-77 是二自由度惯导系统方块图，实际惯导系统不仅能提供即时速度和即时位置，还可以测量飞机的姿态。在捷联式惯导系统中可提供多达 35 个参数，构成惯性

基准系统。35 个参数主要有：即时经度和纬度；飞机地速，航迹角；飞机三个姿态角和角速度；沿机体轴的三个线加速度；垂直速度；惯性高度。此外，在由大气数据系统提供真空速的条件下，还输出风速风向（角）等。

惯导系统通常由惯性测量组件、计算机、控制显示器等组成。惯性测量组件包括加速度计和陀螺仪惯性元件。三个陀螺仪用来测量飞机沿三轴的转动运动；三个加速度计用来测量飞机平动运动的加速度。计算机根据加速度信号进行积分计算，还进行系统的标定、对准，以及进行机内的检测和管理。控制显示器实时显示导航参数。

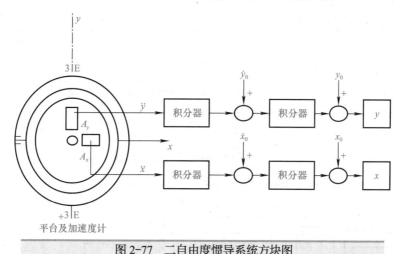

图 2-77　二自由度惯导系统方块图

2．平台式惯性导航系统

平台式惯性导航系统（简称平台式惯导）核心部分是有一个实际的陀螺稳定平台，如图 2-78 所示，平台上的三个实体轴，重现了所要求的东、北、天三个轴向，它为加速度计提供了精确的安装基准，保证了三个加速度计测得的值正好是导航计算时所需的三个加速度分量。这个平台完全隔离了飞机机动运动，保证了加速度计的良好工作环境。平台上的陀螺仪作为平台轴相对基准面偏角的角度（角速度）信号传感器，将其检测信号送至伺服放大器，经电动机带动平台轴重新返回基准面。

3．捷联式惯性导航系统

图 2-79 所示是捷联式惯性导系统原理图，在捷联式惯性导系统中，加速度信息的坐标变换、姿态矩阵计算、姿态角和航向角的提取，这三项功能都由计算机完成，计算机起着物理平台的作用，构成"数学平台"。由于惯性测量组件直接安装在运载体（飞机）上，工作环境恶劣，要求它在飞机振动、冲击、温度变化等条件下仍能正确测量，参数和性能有高的稳定性，故对惯性元件要求比平台高。运载体的复杂运动包括角运动都直接作用在惯性元件上，由此会产生多项误差，因此，在捷联式惯性导系统中需要采取误差补偿措施。

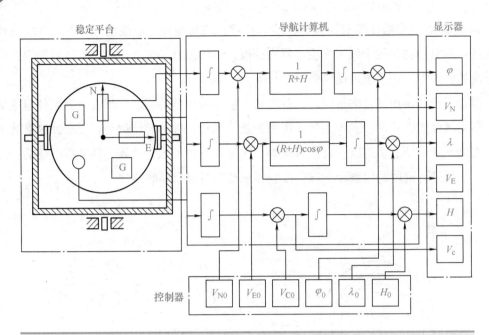

图 2-78 平台式惯性导航系统原理图

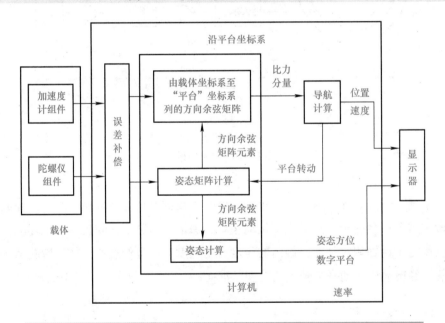

图 2-79 捷联式惯性导系统原理图

平台式惯性导系统为提高可靠性,采用相同的两套系统,而捷联式惯性导系统则采用多惯性元件,构成余度系统。由于采用了余度技术,增加了惯性元件故障的容许次数,提高了系统的可靠性。惯性导航系统有如下优点:

1) 由于它是既不依赖于任何外部消息,也不向外部辐射能量的自主式系统,故隐蔽性好,且不受外界电磁干扰的影响。

2) 可全天候、全时间地工作于空中、地球表面乃至水下。

3）能提供位置、速度、航向和姿态角数据，所产生的导航信息连续性好而且噪声低。

4）数据更新率高、短期精度和稳定性好。

其缺点是：

1）由于导航信息由积分产生，定位误差随时间而增大，长期精度差。

2）每次使用之前需要较长的初始对准时间。

3）设备的价格较昂贵。

4）不能给出时间信息。

2.5.3　北斗导航系统

1．概述

北斗卫星导航系统（BeiDou Navigation Satellite System，BDS）是我国自行研制的全球卫星导航系统，是继美国全球定位系统（GPS）、俄罗斯 GLONASS 卫星导航系统之后第三个成熟的卫星导航系统。北斗卫星导航系统、GPS、GLONASS 和 GALILEO 是联合国卫星导航委员会已认定的供应商。

北斗卫星导航系统由空间段、地面段和用户段三部分组成，可在全球范围内全天候、全天时为各类用户提供高精度、高可靠定位、导航、授时服务，并具有短报文通信能力，已经初步具备区域导航、定位和授时能力，定位精度为 10m，测速精度为 0.2m/s，授时精度为 10ns。

2012 年 12 月 27 日，北斗系统空间信号接口控制文件正式版 1.0 正式公布，北斗导航业务正式对亚太地区提供无源定位、导航、授时服务。

2013 年 12 月 27 日，北斗卫星导航系统正式发布了《北斗系统公开服务性能规范（1.0 版）》和《北斗系统空间信号接口控制文件（2.0 版）》两个系统文件。

2014 年 11 月 23 日，国际海事组织海上安全委员会审议通过了对北斗卫星导航系统认可的航行安全通函，这标志着北斗卫星导航系统正式成为全球无线电导航系统的组成部分，取得面向海事应用的国际合法地位。中国的卫星导航系统已获得国际海事组织的认可。

2．系统构成

北斗卫星导航系统空间段计划由 35 颗卫星组成，包括 5 颗静止轨道卫星、27 颗中地球轨道卫星、3 颗倾斜同步轨道卫星。5 颗静止轨道卫星定点位置为东经 58.75°、80°、110.5°、140°、160°，中地球轨道卫星运行在 3 个轨道面上，轨道面之间为相隔 120° 均匀分布。至 2012 年底北斗亚太区域导航正式开通时，已为正式系统在西昌卫星发射中心发射了 16 颗卫星，其中 14 颗组网并提供服务，分别为 5 颗静止轨道卫星、5 颗倾斜地球同步轨道卫星（均在倾角 55° 的轨道面上），4 颗中地球轨道卫星（均在倾角 55° 的轨道面上）。

3．系统功能

北斗卫星导航系统具备四大功能：

1）短报文通信：北斗系统用户终端具有双向报文通信功能，用户可以一次传送

40 ～ 60 个汉字的短报文信息，可以达到一次传送达 120 个汉字的信息，在远洋航行中有重要的应用价值。

2）精密授时：北斗系统具有精密授时功能，可向用户提供 20 ～ 100ns 时间同步精度。

3）定位精度：水平精度 100m（1σ），设立标校站之后为 20m（类似差分状态）。工作频率为 2491.75MHz。系统容纳的最大用户数为 540 000 户 /h。

4）军用功能：北斗卫星导航定位系统的军事功能与 GPS 类似，如运动目标的定位导航；为缩短反应时间的武器载具发射位置的快速定位；人员搜救、水上排雷的定位需求等。

2.5.4　组合导航系统

1. SINS/GPS组合导航概述

目前，SINS/GPS 组合导航方法已在无人机导航中被广泛地应用。惯性导航具有完全自主、运动参数完备、短时精度高的优点，已被广泛应用于航天及航海等领域，但由于惯性器件中陀螺漂移、加速度计偏置等因素，以及安装误差等的影响，使得惯性导航容易出现误差积累，从而导致长时间导航精度易发散的现象。而这就对惯性器件的精度提出了很高的要求，进而导致了成本的提高。GPS 利用导航卫星进行测距和测速时，已成为世界上应用最广泛的卫星定位系统。它具有全天候、高精度的特性，特别是利用差分定位原理，实时定位精度可达厘米级。但其局限性也很明显，如 GPS 信号在复杂环境下容易被干扰或遮挡，特别是在城市及山区，由于多路径效应的影响而造成很大的误差，从而无法定位。各导航系统单独使用，很难满足导航性能的要求，因此，将多种导航方法组合使用，对同一导航信息做测量结算，计算出各导航系统的误差并对其进行校正，从而达到提高导航精度的目的。

SINS/GPS 组合导航是目前较常用的组合模式，其定位和水平姿态精度较高，但方位角的精度并不高，尤其是在载体不做任何机动或低速运动状态。利用三轴磁强计可得到载体坐标系下的磁场强度，然后可确定载体坐标系与导航坐标系下磁场强度间的关系，且精度不易发散。因此，将 SINS、GPS 和磁强计有机地组合起来，可得到较高精度的位置、速度和姿态信息，实现优越性价比的组合导航与制导系统。

2. 导航系统与自动控制系统

传感器单元（Guidance）、导航计算机单元（Navigation）和飞行控制单元（Control）是无人机的核心。传感器单元主要包括 MIMU（微惯性测量单元）、微 GPS、MC（微磁罗盘）和 MPS（压力微传感器）等。MIMU 可提供最全的导航信息，但其精度较低且误差随时间积累，因此需要 GPS、磁罗盘和压力传感器等与其共同进行组合导航以提高系统精度。导航计算机单元的功能是采集传感器单元数据并进行导航解算，得到飞行器的导航参数；飞行控制单元则利用导航计算机解算得到的导航参数，进行飞行控制和航迹规划。GNC 系统结构图如图 2-80 所示。由于导航计算机与飞行控制计算机原理相似且均属于数字电路，导航计算机单元和飞行控制单元可进行集成化设计，共同组成高度集成化的信息处理单元。

随着微电子技术、光电子技术和微机电系统（Micro-Electro-Mechanical System，MEMS）技术的快速发展，导航传感器迎来了一场巨大的变革。硅MEMS惯性器件与传统惯性器件相比，体积大幅度减小，功耗、质量也大幅度降低；微电子技术的发展促进了信号与信息处理电路的高度集成化。导航器件的微小型化为实现高性能GNC系统集成奠定了重要的技术基础。

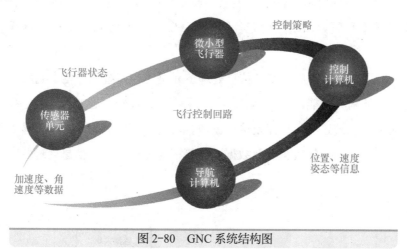

图 2-80　GNC 系统结构图

（1）传感器单元集成方案　传感器单元是飞控系统的关键部分之一，它的性能直接决定了系统的精度。传感器单元主要由 IMU、GPS、磁罗盘、气压高度计和空速计等组成，其功能框图如图 2-81 所示。

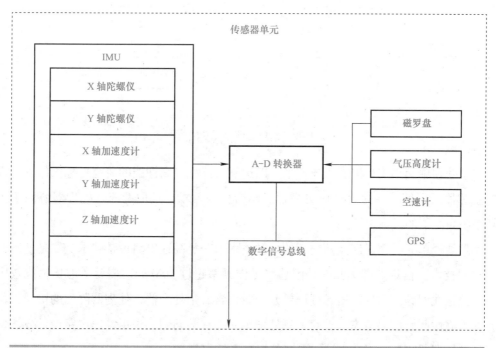

图 2-81　传感器单元功能框图

为了实现飞控系统的小型化，惯性传感器采用 MEMS 陀螺仪和 MEMS 加速度计；GPS 系统则采用高灵敏度的接收模块；磁罗盘也采用高集成度的基于磁阻原理的电子罗盘；空速计和高度计则采用高精度的气压传感器。

传感器单元集成的关键在于如何在获得高性能的前提下，减小体积和质量、降低功耗、提高系统的可靠性与环境适应性。基于以上原则，采用自顶向下的设计方法，合理分配各组件的设计难度和压力，重点攻克各部件的关键技术和难点，实现传感器单元的高密度集成。

（2）信息处理单元的集成方案　信息处理单元是飞控系统的中枢，它集成了导航计算机和飞行控制单元两大功能模块，集成了数据采集协处理器，导航处理器、控制处理器、舵机驱动模块和无线链路等处理器及接口模块，具有传感器数据采集、信号处理、滤波、组合导航、制导与控制、舵机驱动及数据通信等多重复杂功能。信息处理单元的功能框图如图 2-82 所示。

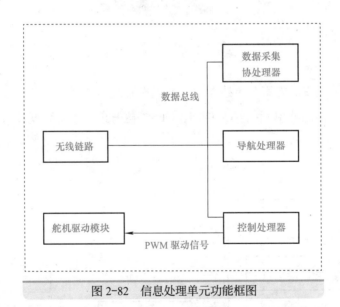

图 2-82　信息处理单元功能框图

信息处理单元集成采用嵌入式技术，以达到小体积、高性能的研究目标。信息处理单元的主芯片采用低功耗的 ARM9 处理器。结合任务要求，选取两三片处理器协同工作，达到系统高性能的目标。

信息处理单元的集成涉及两方面的关键技术：一是高速电路设计技术；二是处理器阵列的协同技术。信息处理单元的外围总线工作频率超过 60MHz，需要考虑传输线效应和信号的完整性问题。另外，信息处理单元一般包含三个处理器，处理器阵列的协同工作和单元的可靠性问题需要考虑。针对信息处理单元存在的问题，采用高速电路设计方法，提出了一种处理器阵列的冗余方法，可有效提高系统可靠性。

2.6 飞控系统

2.6.1 飞控系统的组成

飞控系统即飞行控制系统，是控制飞行器飞行姿态和运动的中枢设备，也称自动驾驶仪。大部分无人直升机控制系统包括三个部分：遥控器、飞行控制系统和动作执行机构，其中遥控器包括发射机和接收机两个部分，在辅助级飞行控制系统中主要负责操作指令的输入和接收，并负责手动状况的飞行器控制；大部分无人机飞行控制系统是结合6自由度惯性测量单元、GPS导航接收机、磁航向计、气压高度计、转速传感器、数字信号处理器、ARM处理器、电源适配器等单元组成，主要负责感知飞机的各种状态并做导航计算和控制输出，是飞行控制系统的核心组成部分；动作执行机构包括舵机及相关连杆等。无人机的控制系统架构组成及各单元关系如图2-83所示。

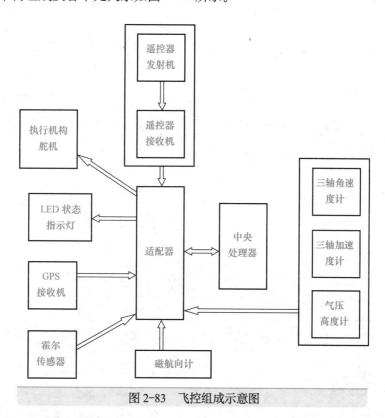

图 2-83 飞控组成示意图

2.6.2 飞控系统的工作流程

飞控系统的工作流程如图2-84所示，从直观的部件组成看，飞控系统包括以下部分：

IMU：即惯性测量单元。它主要集成有三轴加速度计和三轴陀螺仪，主要用于感知飞行器在三个轴向上的运动状态（俯仰、滚转和偏航）。安装时要求靠近飞行器的重心，并有一定的减振和指向要求。

GPS：接收 GPS 卫星导航系统的位置信息，为飞控系统提供位置数据。通常安装在飞行器的尾部（避免遮挡），且要求无电磁信号干扰。

Compass：磁罗盘，也称外置指南针，用于感知飞行器的指向。在固定翼无人机的飞控系统中磁罗盘不是必要设备，因为固定翼飞机在飞行中一直保持有一定的运动速度，可通过不同时间的 GPS 位置信号来计算出飞机的指向。许多飞控的磁罗盘与 GPS 的接收天线设计在同一附件中。

气压高度计：用于检测飞行器所在位置的气压高度，通常设计在 IMU 或主控盒内。

AGL：超声波传感器，通常用于感知飞行器的垂直对地高度，作用距离一般不大于 15m。要求对地垂直安装，且要求传感器安装位置处无过大噪声干扰。

适配器：飞控系统的电源适配盒。

舵机转接板：用于分路转接舵机线。

主控盒：飞控系统的控制电路。

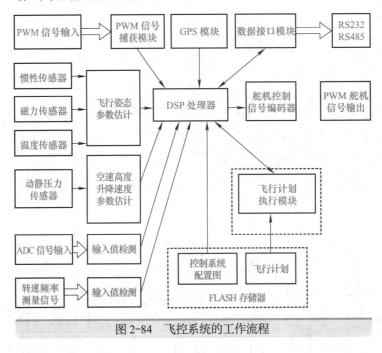

图 2-84　飞控系统的工作流程

2.6.3　飞控板

飞控板是多轴飞行器的核心设备，是飞行控制集成电路板的简称。其主要功能如下：

1）处理来自遥控器的信号，完成要求的飞行姿态或其他指令。

2）控制电调，给电调发送信号调节电动机转速，实现控制改变飞行姿态的功能。

3）通过一些板载的测量元件，通过控制电调的输出信号保持多旋翼无人机的稳定。

目前市面上的飞控板品种较多，国内主流厂商有大疆科技、零度智控、极飞科技、华科尔、亚拓等；开源阵营有 PIX、APM、MWC、KK 等。APM 飞控板如图 2-85 所示。

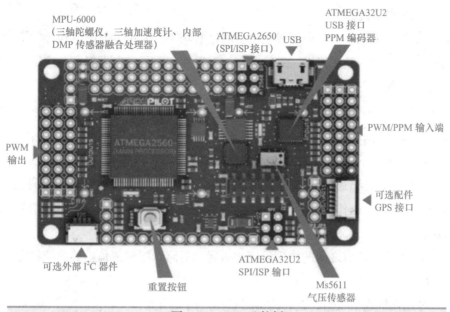

图 2-85　APM 飞控板

它具备丰富的接口：

1）8 路 PWM 信号输入。

2）8 路 PWM 信号输出。

3）2 路外扩 I²C 接口支持外接传感器网络。

4）3 路 UART 接口分别用于遥测电台、GPS 接收机、OSD 扩展模块、空速传感器、电流、电压传感器等的 11 路模拟输入端。

2.7　通信链路系统

2.7.1　我国对民用无人机射频指标的规定

为满足应急救灾、森林防火、环境监测、科研试验等对无人驾驶航空器系统的需求，根据《中华人民共和国无线电频率划分规定》及我国频谱的使用情况，规划 840.5 ～ 845MHz、1430 ～ 1444MHz 和 2408 ～ 2440MHz 频段用于无人驾驶航空器系统。其中规定：

1）840.5 ～ 845MHz 频段可用于无人驾驶航空器系统的上行遥控链路。其中，841 ～ 845MHz 频段也可采用时分方式用于无人驾驶航空器系统的上行遥控和下行遥测链路。

2）1430 ～ 1444MHz 频段可用于无人驾驶航空器系统下行遥测与信息传输链路。其中，1430 ～ 1438MHz 频段用于警用无人驾驶航空器和直升机视频传输，其他无人驾驶航空器使用 1438 ～ 1444MHz 频段。

3）2408 ～ 2440MHz 频段可作为无人驾驶航空器系统上行遥控、下行遥测与信息传输链路的备份频段。相关无线电台站在该频段工作时不得对其他合法无线电业务造成影响，也不能寻求无线电干扰保护。

上述频段的信道配置，所用无线电设备的发射功率、无用发射限值和接收机的邻道选择性应符合相关要求。频率使用、无线电台站设置和所用无线电发射设备应符合国家无线电管理及无人驾驶航空器系统管理的有关规定。

2.7.2 链路系统简介

无人机数据链是一个多模式的智能通信系统，能够感知其工作区域的电磁环境特征，并根据环境特征和通信无人机数据链的要求，实时动态地调整通信系统的工作参数（包括通信协议、工作频率、调制特性和网络结构等），达到可靠通信或节省通信资源的目的。

通信网络中两个结点之间的物理通道称为通信链路。根据通信链路的连接方法，可将通信链路分为：

1）点对点连接通信链路，这时的链路只连接两个结点。

2）多点连接链路，指用一条链路连接多个（$n>2$）结点。

根据通信方式不同，可将链路分为：

1）单向通信链路。

2）双向通信链路。

无人机通信链路主要指用于无人机系统传输控制、无载荷通信、载荷通信三部分信息的无线电链路。无人机系统通信链路是指控制和无载荷链路，主要包括指挥与控制（C&C）、空中交通管制（ATC）、感知和规避（S&A）三种链路。

控制站与无人机之间进行的实时信息交换需要通过通信链路来实现。地面控制站需要将指挥、控制以及任务指令及时传输到无人机上，同样，无人机需要将自身状态（速度、高度、位置、设备状态等）以及相关任务数据发回地面控制站。无人机系统中的通信链路也称为数据链。民用无人机系统一般使用点对点的双向通信链路，也有部分无人机系统使用单向下传链路。

2.7.3 遥控上行链路

无人机数据链按照传输方向分为上行链路和下行链路。上行链路主要完成地面站到无人机遥控指令的发送和接收，下行链路主要完成无人机到地面站的遥测数据以及红外或电视图像的发送和接收，并根据定位信息的传输利用上、下行链路进行测距，数据链性能直接影响到无人机性能的优劣。

2.7.4 数传链路

无人机数传链路主要完成地面控制站对无人机的遥控、遥测、任务传感器等信息的传输，实现地面控制站与无人机之间的数据收发和跟踪定位。遥测链路由数传模块和地面站两部分组成。数传模块包含机载收发模块和地面站收发模块，如图 2-86 所示。如果需要几千米甚至更远的数传距离，则需要使用大功率的数传电台，如图 2-87 所示。

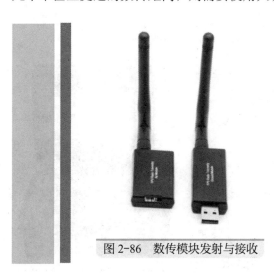

图 2-86　数传模块发射与接收

图 2-87　数传电台

2.7.5　图传链路

图传链路的作用是将无人机在空中拍摄的画面实时传输到地面或操控手的显示设备上，使操控手能够身临其境地获得无人机远距离飞行时相机所拍摄的画面。

现有的图传主要有模拟和数字两种，其组成部分主要有发射端、接收端和显示端三部分。

1. 模拟图传

早期的图传设备采用的都是模拟制式，它的特点是只要图传发射端和接收端工作在一个频段上就可以收到画面。模拟图传价格低廉，可以多个接收端同时接收视频信号，模拟图传的发射端相当于广播，只要接收端的频率和发射端的频率一致就可以接收到视频信号，方便多人观看，工作距离较远。

2. 数字图传

专用的数字图传的视频传输方式是通过 2.4GHz 或 5.8GHz 的数字信号进行的。专用数字图传一般集成在遥控器内，只需在遥控器上安装手机或平板计算机作为显示器即可，图像传输质量较高，分辨率可达 720P 甚至 1080P，方便实时回看拍摄的照片和视频。因为集成在机身内，可靠性较高，一体化设计较美观。无人机图传模块如图 2-88 所示。

图 2-88　图传模块

2.8　地面站和任务规划系统

2.8.1　地面站

1. 地面站系统简介

地面站作为整个无人机系统的作战指挥中心，其控制内容包括飞行器的飞行过程、飞行航迹、有效载荷的任务功能、通信链路的正常工作以及飞行器的发射和回收。无人机地面站如图 2-89 所示。

图 2-89　无人机地面站

（1）地面站的典型配置

1）系统控制站。在线监视系统的具体参数，包括飞行期间飞行器的状态、飞行数据和报警信息。

2）飞行器操作控制站。它提供良好的人机界面来控制无人机飞行，其组成包括命令控制台、飞行参数显示、无人机轨道显示和一个可选的载荷视频显示。

3）任务载荷控制站。它用于控制无人机所携带的传感器，由一个或几个视频监视仪和视频记录仪组成。

4）数据分发系统。它用于分析和解释从无人机获得的图像。

5）数据链路地面终端。它包括发送上行链路信号的天线和发射机，捕获下行链路信号的天线和接收机。

6）中央处理单元。它包括一台或多台计算机，主要功能是获得并处理从无人机传来的实时数据，确认任务规划并上传给无人机，以及进行电子地图处理、数据分发、飞行前分析和系统诊断。

（2）地面站的典型功能

1）飞行器的姿态控制。在各机载传感器获得相应的飞行器飞行状态信息后，通过数据链路将这些数据传输到地面站。在地面站由任务规划和控制站计算机处理这些信息，根据控制律解算出控制要求，形成控制指令和控制参数，再通过数据链路将控制指令和控制参数传输到无人机上的飞控计算机，通过后者实现对飞行器的控制。

2）有效载荷数据的显示和有效载荷的控制是无人机执行任务的单元。地面控制站根据任务要求实现对有效载荷的控制，并通过对有效载荷状态的显示来实现对任务执行情况的监管。

3）任务规划、飞行器位置监控及航线的地图显示。任务规划主要包括处理战术信息、研究任务区域地图、标定飞行路线及向操作员提供规划数据等。飞行器位置监控及航线的地图显示部分主要便于操作人员实时监控飞行器和航迹的状态。

4）导航和目标定位。无人机在执行任务过程中通过无线数据链路与地面控制站之间保持着联系。随着空间技术的发展，传统的惯性导航结合先进的 GPS 导航技术成为无人机系统导航的主流导航技术。为了精确确定目标的位置，必须通过导航技术掌握飞行器的位置，同时还要确定飞行器至目标的角度和距离，因此目标定位技术和飞行器导航技术之间有着非常紧密的联系。

5）与其他子系统的通信链路。该通信链路用于指挥、控制和分发无人机收集的信息。

2．典型的地面站软件

目前国内地面站软件较多，一些无人机公司都有自己的地面站软件，下面介绍典型的地面站软件 DJI GS Pro 地面站。

DJI GS Pro 地面站的计算机版就是大疆无人机地面站软件，其主要作用是规划大疆无人机的航线，还有飞行控制和建图航拍的功能，与其他地面站不同的是，该软件添加了虚拟护栏功能，可以让飞机在指定的区域飞行，还能为飞机设定高度和速度，保障安全。DJI GS Pro 地面站软件界面如图 2-90 所示。

图 2-90　DJI GS Pro 地面站软件界面

DJI GS Pro 地面站计算机版功能如下。

（1）测绘航拍区域模式　DJI GS Pro 能高效生成航线任务，它可根据用户设定的飞行区域以及飞行器照相机的参数，智能规划飞行航线，执行航拍任务，并支持将航线任务保存至本地。将拍摄得到的照片导入 PC 端 3D 重建软件，即可生成拍照区域的 3D 地图。

1）优化的照片重复率。为了能够获得良好的 3D 重建效果，在进行拍照时，DJI GS

Pro已预先优化了照片重复率，同时用户也可以根据自己的需要设完。

2）区内模式和扫描模式。支持两种主航线生成模式，区内模式可以使飞行器在指定区域内按照经过智能规划的航线飞行，且在飞行过程中不会越过区域边界；扫描横式下，DJI GS Pro则会根据指定区域直接生成飞行路线。

3）飞行动作及参数可调。支持自行设置图片重复率比例、飞行高度、照相机朝向（垂直于主航线或平行于主航线）、飞行航线角度、边距、悬停拍照或边飞边拍等飞行动作及参数。

4）灵活的飞行区域设定。飞行区域由用户自由设定，可以为任意多边形，也可以事先起飞飞行器、以飞行器的实际位置划定飞行区域范围。

（2）智能航点飞行

1）设定多个航点。用户能够自行指定航点（最多99个）。

2）多个参数可调。可以设定航点的飞行高度、飞行速度、飞行器偏航角、飞行器旋转方向、云台俯仰角度等参数。

3）丰富的航点动作。最多可为每个航点设定15个连续的航点动作，动作类别包括调整飞行器偏航角、调整云台俯仰角、开始录影、停止录影、拍照和悬停等待。

4）设定任务完成动作。任务完成动作包括自动返航、悬停、自动降落。

（3）虚拟护栏 DJI GS Pro的虚拟护栏功能可以在手动农药喷洒、初学者试飞、手动飞行等操作情形中保证飞行器的安全。通过虚拟护栏功能设定一个安全的指定飞行区域，当飞行器在区域内逐渐接近边界位置时，就会减速制动并悬停，使飞行器不飞出飞行区域，从而保证飞行安全。

1）可自行设定护栏范围。虚拟护栏区域由用户自由设定，可以为任意多边形，也可以事先起飞飞行器、以飞行器的实际位置划定虚拟护栏范围。

2）飞行速度及高度。可以设置飞行器的最大飞行速度及最大飞行高度。

2.8.2 任务规划系统

1. 概念与目标

无人机任务规划是指根据无人机需要完成的任务、无人机的数量以及携带任务载荷的类型对无人机制订飞行路线并进行任务分配。

任务规划的目标是依据地形信息和执行任务的环境条件信息，综合考虑无人机的性能、到达时间、耗能、威胁以及飞行区域等约束条件，为无人机规划出一条或多条自出发点到目标点的最优或次优航迹，保证无人机高效、圆满地完成飞行任务，并安全返回基地。

2. 任务规划主要功能

（1）任务分配功能 充分考虑无人机自身性能和携带载荷的类型，可在多任务、多目标情况下协调无人机及其载荷资源之间的配合，以最短时间以及最小代价完成既定任务。

（2）航迹规划功能　在无人机避开限制风险区域以及油耗最小的原则上，制定无人机的起飞、着陆，接近监测点、监测区域，离开监测点、返航及应急飞行等任务过程的飞行航迹。

（3）仿真演示功能　能够实现飞行仿真演示、环境威胁演示及监测效果演示。可在数字地图上添加飞行路线，仿真飞行过程，检验飞行高度、油耗等飞行指标的可行性；可在数字地图上标识飞行禁区，使无人机在执行任务过程中尽可能避开这些区域；可进行基于数字地图的合成图像计算，显示不同坐标与海拔位置上的地景图像，以便地面操作人员为执行任务选取最佳方案。

3. 常用的任务规划方法

任务规划由任务理解、环境评估、任务分配、航迹规划、航迹优化和航迹评价等组成。其处理流程如下：

1）整个流程始于接收到上级下发的任务、命令，首先对任务进行保存，提供查阅和显示。

2）辅助操作人员进行任务理解，分析任务执行的地理区域、时间区间，任务所包含的目标航点数，各个航点的位置、重要程度等情况。根据任务涉及的区域查询并显示地形概况、禁飞区和障碍物分布情况及气象信息，为航迹规划提供环境情况依据。

3）进行任务分配，在这个过程里提供可用的无人机资源和着陆点的显示，辅助操作人员进行载荷规划、通信规划和目标分配。

①载荷规划包括携带的传感器类型、摄像机类型和专用任务设备类型等，规划设备工作时间及工作模式，同时需要考虑气象情况对设备的影响程度。

②通信规划包括在执行任务的过程中需要根据环境情况的变化制定一些通信任务，调整与任务控制站之间的通信方式等。

③目标分配主要是指执行任务过程中实现动作的时间点、方式和方法，设定航点的时间节点、飞行高度、航速、飞行姿态以及配合载荷设备的工作状态与模式，当无人机到达该航点时实施航拍、盘旋等飞行任务。

4）在目标分配的基础上，根据环境变化情况、航速、飞行高度范围、燃油量和设备性能制定飞行航迹，并申请通信保障和气象保障。

5）系统根据无人机飞行的最小转弯半径和最大俯仰角对航迹进行优化处理，制定出适合无人机飞行的航迹。

6）生成任务计划，保存并发送。

4. 航迹规划

无人机航迹规划是任务规划的核心内容，需要综合应用导航技术、地理信息技术以及远程感知技术以获得全面详细的无人机飞行现状以及环境信息；结合无人机自身技术指标特点，按照一定的航迹规划方法制定最优或次优路径。因此，航迹规划需要充分考虑电子地图的选取、标绘、航线预先规划以及在线调整时机。

(1) 电子地图

1) 功能。电子地图在无人机任务规划中的作用是显示无人机的飞行位置，画出飞行航迹、标注规划点以及显示规划航迹等。通常情况下，电子地图可直接安装于无人机地面控制站，选取合适的地图插件，可与地面站软件进行较好的集成。

地面站电子地图显示的信息分为三个方面：一是无人机位置和飞行航迹；二是无人机航迹规划信息；三是其他辅助信息，如图元标注。其中图元标注是完成任务中一项重要的辅助性工作，细致规范的图元标注将大幅度提高飞行安全性和任务完成质量。

2) 地图校准。由于加载的电子地图与实际操作时的地理位置信息有偏差，需要在使用电子地图时进行校准。无人机在特定区域内执行任务时只需首次对该区域地图进行校准，此后在该区域执行任务时直接调用已校准的地图即可。

(2) 航线规划　航线规划一般分为两步：首先是飞行前预规划，即根据既定任务结合环境限制与飞行约束条件，从整体上制定最优参考路径；其次是飞行过程中的重规划，即根据飞行过程中遇到的突发局部状况动态地调整飞行路径或改变动作任务。

航线规划的内容包括出发地点、途经地点、目的地点的位置信息、飞行高度和速度与需要到达的时间段。航线规划应具备以下功能：

1) 具有标准飞行轨迹生成功能，可生成常用的标准飞行轨迹，如圆形盘旋、8字形盘旋、往复直线飞行等，再存储到标准飞行轨迹数据库中，以便在飞行过程中可以根据任务的需要使飞行器及时地进入和退出标准飞行轨迹。

2) 具有常规的飞行航线生成、管理功能，可生成对特定区域进行搜索的常规飞行航线，存储到常规航线库中，航线库中的航线在考虑了传感器特性、传感器搜索模式（包括搜索速度、搜索时间）和传感器观察方位（包括搜索半径、搜索方向、观测距离、观测角度）等多种因素后可实现对目标的最佳探测。

5. 应急航线

制定任务规划时还要考虑异常应急措施，即应急航线。其主要目的是确保飞机安全返航，规划一条安全返航通道和应急迫降点，以及航线转移策略（从航线上的任意点转入安全返航通道或从安全返航通道转向应急迫降点或机场）。

系统保障与应急预案规划是指综合考虑无人机系统本身的约束条件、目标任务需求和应急情况设定，合理设置地面站与无人机的配比关系，科学部署工作地域内的各种无人机地面站，制定突发情况下的无人机工作方案。

2.9　任务载荷系统

2.9.1　任务载荷的概念

任务载荷是指装备到无人机上为完成某种任务的设备的总称，包括执行电子战、侦察和武器运输等任务所需的设备，如信号发射机、传感器等。无人机任务载荷的快速发展极大地扩展了无人机的应用领域，由于无人机的功能和类型不同，其上装备的任务载荷也不同。

2.9.2　常用的任务载荷

扫码看视频

1. 军用无人机任务载荷

军用无人机的任务载荷主要有：光电/红外传感器、合成孔径雷达和激光雷达等。

（1）光电/红外载荷　军用无人机的一大优势是可以靠近目标实施侦察，小型机甚至可飞临目标上空在 $100 \sim 200m$ 的距离拍摄。随着光电技术的发展，电视摄像机、红外热像仪的重量、体积、成本都大大降低，这些侦察设备已装载到小型无人机、甚至微型无人机上。

1）电视摄像机。可见光电视摄像机是一种将被摄景物的活动影像通过光电器件转换成电信号的光电设备。它主要由摄影镜头、光电转换器、放大器和扫描电路等组成，镜头将景物的影像投射在光电转换器上，通过扫描电路对光电转换器件按一定次序的转换，逐点、逐行、逐帧地把影像上明暗不同或色彩不同的光点转换为强弱不同的电信号，再通过记录设备或图像传输设备将电信号记录或发送出去。通常将电视摄像机分为黑白、彩色两种类型，黑白电视摄像机主要传送景物明暗影像，彩色电视摄像机主要传送景物彩色影像。

在无人机机载条件下，电视摄像机要实现对地面景物的观测必须借助相应的稳定转台，通过稳定转台实现对电视摄像机光学中心指向的改变，对航摄区域的实时电视影像捕捉，通过改变可见光电视摄像机光学系统焦距，改变航摄区电视影像的比例大小，利用无线数字传输设备将电视图像传输至地面监视器或直接记录在机载电子盘上。军事上，利用可见光电视摄像机的实时侦察监视特点，可对航摄区目标进行自动定位、校正火力射击、监视战场情况及评估毁伤效果等任务。

2）红外热像仪。大气、烟云对可见光和近红外线的吸收较强，但是对 $3 \sim 5\mu m$ 和 $8 \sim 14\mu m$ 的热红外线却是透明的，因此将这两个波段称为热红外线的"大气窗口"。人们利用这两个窗口，能在完全无光的夜晚或是在烟云密布的战场清晰地观察到前方或地面的情况。

为了提高无人机全天候实时观测能力，将红外热成像技术应用于空中探测，即利用红外热成像光谱探测器对具有热泄露的地面物体进行探测，并将温度高于其周围背景的地物通过热白图像实时记录并传输至地面监测设备或存储在机载电子盘上。

与电视摄像机相似，红外热像仪也需要借助一定的稳定转台，用以隔离无人机飞行对航摄的影响以及根据观测要求实时改变其光学镜头的指向。

正是由于这个特点，红外热成像技术在民用和军事领域都得到了广泛应用，极大地提高了观测系统的全天候侦测能力。

与可见光电视摄像机相似，红外热像仪也需要固定在稳定平台中，并通过稳定平台实现其光学中心的自动或手动改变，以获取地面连续、动态的影像，通过地面控制设备，对获取的红外图像进行目标提取、定位、校正射击等。红外热像仪模块如图 2-91 所示。

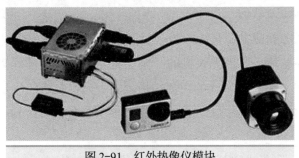

图 2-91   红外热像仪模块

（2）合成孔径雷达   合成孔径雷达是利用一个小天线沿着长线阵的轨迹等速移动并辐射相参信号，把在不同位置接收的回波进行相干处理，从而获得较高分辨率的成像雷达。SAR 也被称为综合孔径雷达，它是利用雷达与目标的相对运动把尺寸较小的真实天线孔径用数据处理的方法合成一个较大的等效天线孔径的雷达，可以在能见度极低的气象条件下得到类似光学照相的高分辨率雷达图像，且能有效地识别伪装和穿透掩盖物。

合成孔径雷达的首次使用是在 20 世纪 50 年代后期装载在 RB-47A 和 RB-57D 战略侦察飞机上。经过 60 余年的发展，合成孔径雷达技术已经比较成熟，各种新型体制合成孔径雷达应运而生。

合成孔径雷达在夜间和恶劣气候时能有效地工作，它能够穿透云层、雾和战场遮蔽，以高分辨率进行大范围成像。轻型天线和紧凑的信号处理装置的发展以及成本的降低，使合成孔径雷达已经能够装备在战术无人机上。

（3）激光雷达   激光雷达的波长短，它不但可以探测到簇叶下的目标，还可以对目标进行分类，为地面部队提供实施交战所需的精确目标信息。激光雷达如图 2-92 所示。

（4）航空照相机   航空照相机是装载在飞机上以拍摄地表景物来获取地面目标的光学仪器。随着航空技术日新月异的发展，航空照相机已经在航空遥感、测量和侦察等领域发挥重要的作用，航空照相机具有的良好机动性、时效性和较低投入等优点，已成为获取地面信息的主要途径之一。航空照相机如图 2-93 所示。

图 2-92　激光雷达

图 2-93　航空照相机

　　航空照相机主要实施昼间、准实时侦察观测任务，可获取航摄区静态高分辨率影像，还可对影像上任意像点的坐标进行提取，完成多幅满足一定要求影像的自动拼接、立体影像提取及其显示等任务，军事上可利用航摄影像完成火力打击效果与伪装情况评估等任务，已在地形测绘、土地和森林资源调查、铁路和公路建设以及军事侦察等诸多领域得到了广泛的应用。

2. 民用无人机任务载荷

　　（1）倾斜摄影相机　倾斜摄影是通过在同一飞行平台上搭载多台传感器，同时从垂直、侧视等不同的角度采集影像，将用户引入到符合人眼视觉的真实直观世界，有效弥补了传统正射影像只能从垂直角度拍摄地物的局限。专业倾斜相机由五个摄像头组成，中间相机拍摄正射影像，其余四个相机拍摄倾斜影像。倾斜摄影相机如图 2-94 所示。应用领域有数字城市、城市规划、交通管理、数字公安、消防救护、应急安防、防震减灾、国土资源、地质勘探、矿产冶金等。

　　（2）空中喊话器　空中喊话器即以飞行器为搭载平台可以无线空中扩音的装置。空中喊话器如图 2-95 所示，它具有一定的应用前景，在森林防火、火灾救援、灾区搜救、交通治安、林场看护等场合起到很大的作用。

图 2-94　倾斜摄影相机　　　　　　图 2-95　空中喊话器

（3）空中探照灯　在救援领域搭载无人机探照灯可以为灾害现场实施空中照明，通过高机动性的照明工具使救援效率得到质的飞跃，也更好地保障救援行动的开展；在刑侦、交通等安防活动中，夜间难以开展行动的现状一直困扰着安防人员，搭配无人机探照灯为夜间执法提供了远距离照明等多种便利，搭配高清变焦镜头可针对脸部、车牌等进行取证。

（4）气体检测仪　主要用于包括空气质量检测、环保监测、应急消防、化工厂污染排查、应急事故火灾等环境突发事件引发的大气环境污染、有毒有害气体的常规巡查、城市低空大气质量状况监测。气体检测仪如图2-96所示。

（5）空中抛投模块　空中抛投模块如图2-97所示，该模块可以携带各种载荷，能够快速反应，第一时间到达投放区域上空，利用远程可视瞄准系统精准投放灭火弹、救援物资等物品。

图2-96　气体检测仪

图2-97　空中抛投模块

（6）系留模块　系留模块如图2-98所示。该模块由系留机载电源、智能电缆收放装置、地面大功率电能变送模组等构成。该系留模块解决了电池容量对多旋翼无人机续航时间的限制，实现多旋翼无人机的长时间滞空。

（7）植保喷洒模块　植保喷洒模块如图2-99所示。植保喷洒模块通常由储药箱、农药喷杆、压力喷头、药管快拆连接头、水泵以及水泵降压调速器等组成。植保喷洒模块的主要功能是喷药灭虫或喷洒肥料水。

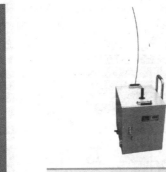

图2-98　系留模块

图2-99　植保喷洒模块

2.10 发射与回收系统

发射与回收系统可以保证无人机顺利完成起飞升空，并在执行完成任务后保证无人机从天空安全降落到地面。多旋翼无人机和无人直升机的发射与回收一般采用垂直起降的方式，固定翼无人机发射与回收技术有很多种，下面主要介绍固定翼无人机的发射与回收方式。

2.10.1 发射方式

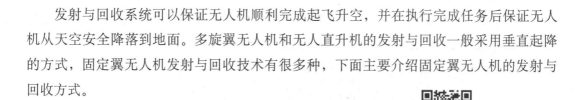

扫码看视频

无人机常见的发射方式有手抛发射、起落架滑跑发射、母机空中发射、火箭助推发射和车载发射等方法。

1. 手抛发射

这种发射方式简单，但仅适用于重量相对较轻的飞行器，如果无人机超过一定体积，起飞速度超过一定范围，手动投掷协助起飞会变得很危险，甚至根本不可能成功。手持引擎填满燃料的无人机在凹凸不平的地面上奔跑，很可能造成严重的人身伤害。手抛发射如图 2-100 所示。

2. 起落架滑跑发射

起落架滑跑发射同样简便，但需要一块平整的场地并要非常小心地控制飞行的航向。这种方式一般需要人工操纵。起落架滑跑发射如图 2-101 所示。

图 2-100 手抛发射

3. 母机空中发射

许多无人机尤其是靶机是装载在固定翼飞机上从空中发射的，这些无人机通常都具有较高的时速，由涡轮喷气发动机提供动力。母机空中发射如图 2-102 所示。

图 2-101 起落架滑跑发射

图 2-102 母机空中发射

4. 火箭助推发射

为使飞行器达到起飞速度，通常需要在有效作用距离上施加一个发射力。在应用火箭助推发射前必须仔细地对推力线进行校准，以确定飞行器没有施加任何力矩，从而避免控制问题的出现。火箭助推发射如图 2-103 所示。

图 2-103　火箭助推发射

5. 车载发射

车载发射是一种费用低廉而且实用的方法。除需要一块干河床或者一条跑道，还有是将无人机及其配件装载在发射车顶上驾车飞驰。

2.10.2　无人机的回收方式

无人机的回收方式主要有起落架着陆回收、伞降回收、撞网回收、绳钩回收及气囊方式回收。

扫码看视频

1. 起落架着陆回收

起落架 / 滑跑着陆是大多数固定翼无人机采用的方式，其原理与有人驾驶飞机类似，需要专用跑道或者开阔的场地，因此缺乏灵活性。为了缩短滑跑距离，有些无人机会在尾部装上尾钩，在滑跑过程中尾钩勾住地面的拦截锁，通过拦截锁的弹性变形吸收无人机的动能。起落架着陆回收如图 2-104 所示。

2. 伞降回收

伞降回收是国内外中小型无人机经常采用的方式之一。在回收过程中，当无人机到达预定回收区中心点上空时，其所配备的降落伞会按照预定程序或者在地面站的指挥下开伞，使无人机缓缓着陆，整个过程较简单，对操作人员的要求也比较低。但其缺点也显而易见：降落伞对无人机是一种载荷，且需要占据机身内有限的空间；由于无人机下降速度较快，在着陆瞬间，机体容易受到较强烈的冲击造成损伤，如果在海上降落，则需要使无人机具备足够的防水能力，且打捞过程也比较麻烦，还可能需要借助专业的海上回收设备。伞降回收如图 2-105 所示。

图 2-104 起落架着陆回收

图 2-105 伞降回收

改进伞降回收的一个有效办法是为无人机配备减振气囊。在无人机飞行期间，气囊置于机身内部，主伞打开后，气囊充气并自动伸出，以吸收无人机与地面接触瞬间的冲击能量，避免设备损伤。着陆完成后排除气囊内的气体，方便再次使用。这种气囊不仅可以缓解着陆冲击，还能防止着陆过程中出现反弹现象。

3. 撞网回收

撞网回收是无人机在地面无线设备和自动引导设备的引导下，逐渐降低高度，减小速度，然后正对着拦截网飞去，从而达到回收的目的。完整的拦阻网系统通常由拦阻网/绳、能量吸收装置和自动引导设备组成，可以使无人机在撞网后速度很快降为零，且不受场地限制，尤其适用于舰上回收。但由于网的面积有限，在气象状况不好时，难以保证无人机准确入网。一旦出现偏差撞击到其他设施，后果不堪设想。撞网回收如图 2-106 所示。

4. 绳钩回收

绳钩回收是利用绳索抓捕无人机翼尖小钩来实现回收的一种方式，主要由回收绳、吸能缓冲装置、导引装置等组成，占用空间小，且不易受天气影响。绳钩回收如图 2-107 所示。

图 2-106 撞网回收

图 2-107 绳钩回收

5. 气囊方式回收

气囊不仅可以配合降落伞使用，也可以单独作为一种着陆方式使用。这种方式不需要起落架和降落伞，无人机在着陆前打开气囊，然后直接触地即可借此实现缓冲目的。需要注意的是，依靠气囊直接着陆缓冲能力有限，只适用于微小型无人机。

拓展阅读

科比特推出新能源无人机

2019年9月17～19日在德国斯图加特举行的INTERGEO测绘展会上，深圳市科比特航空科技有限公司（MMC）正式推出一款名为GriflionH的新能源无人机，并宣布该款无人机已取得首飞成功。这是一款采用一体化设计的氢燃料垂起固定翼电池无人机平台，运用MMC自主研发的成熟、性能稳定的氢燃料电池，极大提升工业级垂起固定翼无人机的续航能力。该款无人机续航时间长，空载续航时间可达15h。其具有使用操作便捷、安全系数高、有效覆盖面积大、无污染、静音性好等优势。

巩固练习

1. 无人机的动力系统由哪几部分组成？
2. 无人机有哪些动力类型？
3. 目前组合导航有哪些？组合导航有什么优点？
4. 无人机的飞控系统由哪几个部分组成？
5. 无人机图传和数传各有什么作用？
6. 地面站有哪些控制内容？
7. 任务规划由哪几部分组成？
8. 无人机常用的任务载荷有哪些？

无人机
飞行原理

第 ③ 章

学习目标

知识目标

1. 了解流体的基本特性
2. 理解气流流动的基本定律
3. 理解升力和阻力的产生原因及影响因素
4. 掌握无人机的稳定性和操纵性

能力目标

1. 能够分析升力和阻力产生的原因
2. 能够分析固定翼、多旋翼无人直升机的飞行原理

素养目标

1. 践行社会主义核心价值观，具有深厚的爱国主义精神和家国情怀
2. 具有安全飞行意识、坚守职业道德和匠心精神
3. 具有创新意识和创新精神

问题引入

2021 年 5 月 20 日晚上 8 点，在湖南省新化县紫鹊界梯田景区大门前广场上空，520 架无人机花样表演震撼展示。"绿色发展，美好生活""蚩尤故里""世界遗产地，地道新化红""中国黄精之乡""新化红茶文化旅游节""全国武术之乡"等宣传标语通过无人机方阵立体展现在游客眼前，其震撼效果令现场观众无比惊叹。

无人机飞行时的升力和阻力是如何产生的？无人机在空中飞行时是如何被控制的？固定翼、多旋翼、无人直升机的飞行原理又各自是什么样的呢？本章将对这些问题进行讲解。

知识讲授

3.1 流体基本特性

3.1.1 流体运动描述

物质有三种状态，分别是气态、液态和固态，对应的物质一般称为气体、液体和固体。

根据其是否能流动，将气体和液体分为一类，称为流体。无人机的飞行原理是针对气体流体来研究的。

1. 流体的可压缩性、声速c、黏性和传热性

（1）流体的可压缩性　对流体施加压力，流体的体积会发生变化。在一定温度条件下，具有一定质量流体的体积或密度随压力变化而改变的特性称为可压缩性（或称弹性）。流体可压缩性的大小通常可用体积弹性模量来度量，其定义为产生单位相对体积变化所需的压强增高。即

$$E = \frac{\mathrm{d}p}{\frac{\mathrm{d}V}{V}} = V\frac{\mathrm{d}p}{\mathrm{d}V} \tag{3-1}$$

式中，E 为体积弹性模量，p 为流体压强，V 为一定量流体的体积。

各种物质的体积弹性模量不同，因此其可压缩性也各不相同。由于液体的体积弹性模量比较大，对大多数工程问题而言，液体可认为是不可压缩的，即液体是密度为常数的流体。

通常压力下空气的体积弹性模量相当小，约为水的1/20 000。因此，空气的密度很容易随压力的改变而变化，即空气具有可压缩性。一般情况下，当空气流动速度较低时，压力变化引起的密度变化很小，可以不考虑空气的可压缩性对流动特性的影响。

（2）流体的声速 c　声速 c 是指声波在流体中传播的速度，单位是 m/s。声波是由振动的声源（如振动的鼓膜）产生的疏密波或称为小扰动波（压缩与膨胀相间的波）。无人机或物体在空气中运动时，在围绕它的空气中将产生一直振动着的疏密波（小扰动波），波的传播速度也是声速。小扰动波在静止流体中是向所有方向以球面波的形式传播开的。在水中声速大约为 1440m/s（约 5200km/h），而在海平面的标准状态下空气中声速约为 341m/s（约 1227km/h）。由于水的可压缩性很小，而空气很容易被压缩，所以得出流体的可压缩性越大，声速越小；流体的可压缩性越小，声速越大。声速的计算公式为

$$c = 20\sqrt{T} \tag{3-2}$$

式中，T 是空气的热力学温度。随着飞行高度的增加，空气的温度是变化的，因而声速也将变化，这说明空气的可压缩性也是变化的。

（3）流体的黏性　黏性是流体的另一个重要物理属性。一般情况下，摩擦有外摩擦和内摩擦两种。有速度差的相邻流动层间都有内摩擦存在，即使靠近壁面也是同一种流体（如水）之间的摩擦，也是内摩擦。内摩擦力 F（也称为流体黏性摩擦力）与

相邻流动层的速度差 $\Delta v = v_1 - v_2$ 和接触面积 ΔS 成正比，而与相邻两层的距离 Δy 成反比。即

$$F = \mu \frac{\Delta y}{\Delta x} \Delta S \qquad (3-3)$$

式中，μ 是流体的内摩擦系数或称为流体的动力黏性系数，单位是 Pa·s；比值 $\frac{\Delta y}{\Delta x}$ 表示在流动层的垂直方向上每单位长度速度的变化量，也称为横行速度梯度。

（4）流体的传热性 流体的传热性也是流体的一个重要的物理属性。当流体中沿某一方向存在着温度梯度时，热量就会由温度高的地方传向温度低的地方，这种性质称为流体的传热性。流体的导热系数的数值随流体介质的不同而不同，由于空气的导热系数很小，当温度梯度不大时，可以忽略空气的传热性对流动特性的影响。

2．来流马赫数和来流雷诺数

研究航空航天飞行器的飞行原理时，要用到来流马赫数 Ma_∞ 和来流雷诺数 Re_∞（或称为飞行马赫数和飞行雷诺数）两个参数。

来流马赫数 Ma_∞ 的定义为

$$Ma_\infty = \frac{v_\infty}{c_\infty} \qquad (3-4)$$

式中，v_∞ 是远前方来流的速度（即飞行速度）；c_∞ 是飞行高度上大气中的声速。来流马赫数 Ma_∞ 的大小可以作为判断空气受到压缩程度的指标。Ma_∞ 越大，飞行引起的空气受到压缩的程度就越大；反之则越小。当 $Ma_\infty \leqslant 0.3$ 时，空气受到压缩的程度很小，称为低速飞行，可以不考虑空气的可压缩性影响，即把空气当作不可压缩的流体来进行分析。当 $0.3 < Ma_\infty \leqslant 0.85$ 时称为亚声速飞行；当 $0.85 < Ma_\infty \leqslant 1.3$ 时称为跨声速飞行；当 $Ma_\infty \geqslant 1.3$ 时称为超声速飞行；当 $Ma_\infty \geqslant 5.0$ 时称为高超声速飞行。

除了低速飞行外，研究无人机的空气动力大小都必须考虑空气的可压缩性影响，特别是进入跨声速飞行后，因为空气的可压缩性会产生一种称为激波的独特流动现象，将对无人机的空气动力和外形设计带来重大影响。

来流雷诺数 Re_∞ 的定义为

$$Re_\infty = \frac{\rho v l}{\mu} \qquad (3-5)$$

式中，ρ、μ 分别是飞行高度上大气的密度和动力黏性系数；v 是飞行速度；l 是无人机的一个特征尺寸，通常选取无人机机身的长度作为该特征尺寸。来流雷诺数 Re_∞ 是另一个非常重要的参数，对无人机的空气动力（升力和阻力）也有很大的影响。Re_∞ 越小，空气黏性的作用越大；Re_∞ 越大，空气黏性的作用越小。

3. 流体流动现象的观测和描述

从开始研究流体力学时，人们就想方设法要将流动现象显示出来以供观察和研究。例如，利用轻质、颗粒很小的固体或用染色液和白烟给流体微团着色来显示流体微团运动轨迹的方法，迄今仍在使用。

图 3-1 所示是历史上非常著名的雷诺实验示意图。当一定直径的玻璃水管中的流体流速 v 比较小时，从色液管嘴流出的染色流在玻璃水管中一直清晰可见，保持着直线形状。这说明玻璃水管中流体的流动是层流，而在层流流动中，流体微团之间没有杂乱的掺混使得层流流动中机械能量的耗损很小。

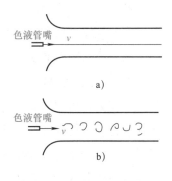

图 3-1　雷诺实验
ⓐ 流速 v 较小　ⓑ 流速 v 较大

但是，当玻璃水管中的流体流速 v 增加到一定值（确切地说，是玻璃水管内来流雷诺数 Re_∞ 增加到一定值）后，发现染色流直线变形、折断，最后完全扩散在玻璃水管中而无法分辨（见图 3-1b）。这就是说，流体在增速流动过程中，流体微团运动轨迹变得越来越不规则，不仅有轴向运动，而且有强烈的横向运动。流体微团在各个方向上都有充分的相互掺混作用，这样的流动称为湍流（旧称紊流）。在湍流流动中，流体微团处在无规则的随机运动之中，相互掺混将引起剧烈的动量和热量的传递和交换，增加机械能量（如压力）。

3.1.2　相对运动原理

物体在静止的空气中运动或气流流过静止的物体，如果两者相对速度相等，物体上所受的空气动力完全相等，这个原理就称作相对运动原理。作用在无人机上的空气动力取决于无人机和空气之间的相对运动情况，而与观察、研究时所选用的参考坐标无关。也就是说，无人机以速度 v 在平静的空气中飞行时，作用在无人机上的空气动力与远方空气以速度 v 流过静止不动的无人机时所产生的空气动力完全相同。这就是相对运动原理在空气动力学中的应用。

例如，无人机以 800km/h 的速度平飞，相对气流就以 800km/h 流向无人机（即速度大小相等而方向相反）。无人机如果保持同样的速度上升，速度的大小虽然未变，但方向却改变了，因而相对气流的方向随之改变（仍与飞行速度方向相反），无人机以同样的速度下滑，则相对气流的方向也随之改变（仍与飞行速度方向相反），而速度的大小相等。因此，只要知道无人机飞行速度的大小和方向，相对气流速度的大小和方向也就确定。

3.2 气流流动的基本规律

3.2.1 连续性定理

1. 流体的连续性假设

在研究流体运动规律时，采用"连续介质假设"这样一个简化模型，即把流体看成是内部没有任何空隙而连绵一片的、充满了它所占据的整个空间的连续介质。因此分析流体运动时，在连续流体介质中，任意取出一小块微元流体（尺寸可以很小，直到缩小为一个质点）作为分析的对象，这块微元流体称为流体微团。根据"连续介质假设"，流体介质的作用特性（统计特性）就体现为微团的特性（如微团的密度、压力和温度等）。这样就可以把流体介质的一切物理属性，如密度、温度和压力等都看作是空间的连续函数，因而在解决流体力学实际问题时，就可以应用数学分析这一有力工具来处理。

2. 连续性定理和连续性方程

流体的连续性原理指出：当流体稳定连续地流过一个粗细不等的管子时（见图3-2），由于管子中任一部分的流体都不能中断或堆积起来，因此在同一时间内，流进任一截面的流体质量可见，连续性原理实质上是质量守恒定律在流体中的应用。

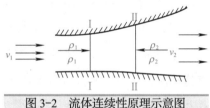

图3-2 流体连续性原理示意图

空气在一条粗细不等的管内流动，在单位时间内，流过管子任一截面的空气质量（m），应等于单位时间内流过该截面的空气体积与空气密度（ρ）的乘积。而空气体积等于流过该截面的气流速度（v）乘以该截面面积（A）。于是，单位时间内流过该截面的空气质量就等于空气密度、气流速度和流管截面面积的乘积。即

$$m=\rho vA \tag{3-6}$$

根据连续性原理，空气流过管子任意两截面的流量应该相等，即

$$\rho_1 v_1 A_1 = \rho_2 v_2 A_2 \tag{3-7}$$

式（3-7）称为流体的连续性方程，可以看出，气流速度的大小是由截面面积和密度两个因素决定的。

3.2.2 伯努利定理

伯努利定理是瑞士物理学家丹尼尔·伯努利于1938年提出的。这一定理表述了流体在流动中压力与流速之间的关系，可用图3-3所示的实验来说明。空气静止时，互相连通

的各玻璃管内的水柱都是一样的，说明流管各截面的空气压力相等，并且都等于大气压力。当空气稳定连续地流过实验管道时，可以发现各玻璃管中的水柱普遍升高，说明各截面前空气压力减小。管道最细的地方，水柱升高最多，说明该截面的空气压力最小。反之，管道越粗，水柱越低，说明空气的压力越大。

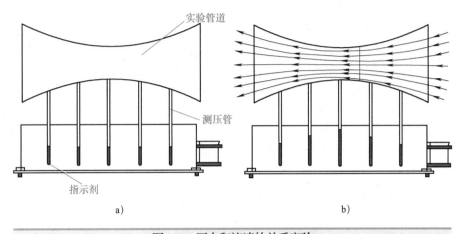

图3-3　压力和流速的关系实验

ⓐ 大气静止时的情况　　ⓑ 大气流动时的情况

　　这一实验结果表明：当空气稳定连续地流过一条流管时，流速快的地方压力小，流速慢的地方压力大。这就是伯努利定理的基本内容。伯努利定理是能量守恒定律在流体流动中的应用。

3.2.3　低速气流流动基本术语及特点

1．迹线

迹线又称为轨线，是流体质点在一段时间内的运动轨迹。

2．流线

流场中某一瞬时的一条空间曲线，在该线上各点的速度方向与曲线在该点的切线方向重合。

3．流管

在流场中画一封闭曲线 C（不是流线），经过曲线 C 的每一点作流线，由这许多流线所组成的管状曲面称为流管。

4．流束

流管内包含的流体称为流束。

5．流线谱

由流线和组成的能反映流体流动全貌的图形称为流线谱（简称流谱）。

（1）小迎角下流线谱的特点 前缘处的气流流管变粗；上、下表面的气流流管都是变细的，并且上表面比下表面变细得更多；后缘涡流很少；上、下表面气流流管的沿途变化都是先收敛后扩散，即"粗—细—粗"的变化规律。

（2）大迎角下流线谱的特点 由于机翼前部抬起，翼型上表面气流流管变得更细。其中，上表面前段的流管变得更细。机翼的迎风面积大，气流流向机翼时的受阻程度大，使翼型前缘和下表面的流管都变粗。其中，下表面前部的流管变粗较多。在翼型后部的上表面出现了较多涡流。流管的沿途变化：上表面仍为先收敛后扩散的"粗—细—粗"的变化规律。而下表面则变为先扩散后收敛的变化规律，即"粗—细"规律。

6．地面效应

地面效应是一种使飞行器诱导阻力减小，同时能获得比空中飞行更高升阻比的流体力学效应：当运动的飞行器掉到距地面（或水面）很近时，整个飞行器体的上、下压力差增大，升力会陡然增加。

低速气流在流动的过程中由于密度变化不大，因此可以近似认为其是不可压缩的，即密度为常数。低速气流在变截面管道中流动，当管道收缩时，由不可压缩流体的连续性方程可知，气流的速度将增加。又由伯努利方程可知，流速小的地方气流的静压大，流速大的地方气流的静压将减小；反之，当管道扩张时，气流的速度将减小，而气流的静压将增加。

3.2.4 高速气流流动基本术语及特点

1．空气的压缩性

空气的压缩性是空气的压力、温度等条件改变而引起密度变化的属性。

2．扰动

在气体所占的空间中某点的压强、密度和温度等参数发生了改变，这种现象称为气体受到了扰动。任一点的流动参数相对于原先状态的变化称为扰动。造成扰动的来源（如击鼓时鼓膜的振动，谈话时声带的振动）称作扰动源。

3．马赫数

气体微团的运动速度与气体微团当地的声速之比，用 Ma_∞ 表示。在一定的速度相对变化量时，密度相对变化量的大小，即气体的压缩性取决于马赫数的大小。如果 Ma_∞ 小于或等于 0.3，密度相对变化量很小，可将气体作为不可压缩流体处理。反之，若 Ma_∞ 大于 0.3，必须考虑密度的变化，即须考虑气体的压缩性。

随着气流速度的增加，若 Ma_∞ 大于 0.3 时，气流受到强烈的压缩，压力、密度和温度都会发生显著变化，气流流动特性会出现一些与低速气流不同的质的差别。与低速气流相反，高速气流流经收敛管道密度会剧烈增加，并且密度的变化会直接占据主导地位，从而使超声速气流减速、增压；而流经扩张形管道将使超声速气流增速、减压。

扫码看视频

3.3 作用在无人机上的空气动力

3.3.1 升力

1. 机翼升力的产生

无人机能在空气中飞行，最基本的条件是它在空中飞行时必须产生一种能克服无人机自身重力并将它托举在空中的力。作用在无人机上的空气动力包括升力和阻力两部分。升力主要靠机翼来产生，并用来克服无人机自身的重力，而阻力要靠发动机产生的推力来平衡，这样才能保证无人机在空中水平等速直线飞行。

2. 升力的产生

机翼翼剖面的形状一般是流线型。翼剖面通常也称为翼型，是指沿平行于无人机对称平面的切平面切割机翼所得到的剖面，图3-4所示的阴影部分即为一机翼的翼剖面——翼型。翼型最前端的一点称为前缘，最后端的一点称为后缘，前缘和后缘之间的连线称为翼弦。翼弦与相对气流速度 v 之间的夹角 α 称为迎角。

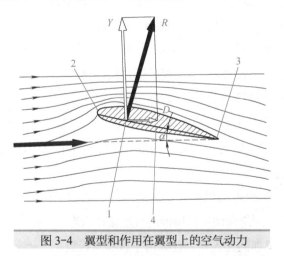

图3-4 翼型和作用在翼型上的空气动力

1—空气动力作用点 2—前缘 3—后缘 4—翼弦

如果要想在翼型上产生空气动力，和平板一样，必须让它与空气有相对运动，或者说必须有具有一定速度的气流流过翼剖面。现在将一个翼型放在流速为 v 的气流中，如图3-4所示。假设翼型有一个不大的迎角 α，当气流流到翼型的前缘时，气流分成上下两股分别流经翼型的上下翼面。由于翼型的作用，当气流流过上翼面时流动通道变窄，气流速度增大，压强降低，并低于前方气流的大气压；而气流流过下翼面时，由于翼型前端上仰，气流受到阻拦，且流动通道扩大，气流速度减小，压强增大，并高于前方气流的大气压。因此，在上下翼面之间就形成了一个压强差，从而产生了一个向上的升力 Y。

机翼上产生升力的大小，与翼型的形状和迎角有很大关系，迎角不同产生的升力也不同。一般不对称的流线翼型在迎角为零时仍可产生升力，而对称翼型和平板翼型这时产生的升力却为零。

随着迎角的增大，升力也会随之增大，但当迎角增大到一定程度时，气流就会从机翼前缘开始分离，尾部会出现很大的涡流区，这时升力会突然下降，而阻力却迅速增大，这种现象称为"失速"，如图3-5所示。失速刚刚出现时的迎角称为临界迎角。无人机不应以接近或大于临界迎角的状态飞行，否则会使无人机产生失速，甚至造成飞行事故。

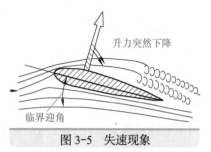

图3-5　失速现象

3. 影响无人机升力的因素

在设计无人机时，应尽量使无人机的升力大而阻力小，这样才能获得比较好的飞行性能。

（1）机翼面积的影响　无人机的升力主要由机翼产生，而机翼的升力又是由于机翼上下翼面的压强差产生的，因此，如果压强差所作用的机翼面积越大，则产生的升力也就越大。机翼面积通常用 S 来表示。需要注意的是，机翼面积应包括同机翼相连的那部分机身的面积。机翼所产生的升力与机翼面积成正比。

（2）相对速度的影响　风速越大，人们所感受到的风力也就越大。无人机的空气动力也是一样，当相对速度 v 越大时，产生的空气动力也就越大，机翼上产生的升力也就越大。但升力与相对速度并不是成简单的正比关系，而是与相对速度的平方成正比。

（3）空气密度的影响　无人机在高原机场和南方夏季条件下起落时，起飞、着陆滑跑距离会长一些。其原因之一是空气密度小，为了获得同样的升力，就必须相应增大起飞离地速度和着陆接地的速度。

（4）机翼剖面形状和迎角的影响　机翼的剖面形状和迎角不同，产生的升力也不同。因为不同的剖面和不同的迎角会使机翼周围的气流流动状态（包括流速和压强）等发生变化，因而导致升力的改变。早期的无人机，曾采用平板和弯板翼型，随着理论研究和实践研究的不断深入，人们已经认识到翼型的重要性和它对升力所起的作用，因此设计了很多满足各种不同需要的翼型，并通过实验确定出各种不同翼型的空气动力特性。

翼型和迎角对升力的影响可以通过升力系数 C_y 表现出来。升力系数的变化反映在一定的翼型的情况下升力随迎角的变化情况，同时也说明不同的翼型有不同的升力特性。

升力的公式写为

$$Y = \frac{1}{2}C_y\rho v^2 S \tag{3-8}$$

式中，Y 为升力（单位为 N）；C_y 为升力系数；ρ 为密度（单位为 kg/m^3）；v 为速度（单位为 m/s）；S 为机翼面积（单位为 m^2）。

4.增升装置

在设计一架无人机时，主要从无人机高速飞行或巡航飞行时的角度来确定无人机的布局参数。当无人机高速飞行或巡航飞行时，即使迎角很小，由于速度较大，因此仍能保证有足够的升力来维持无人机的水平飞行。但在低速飞行时，尤其是在起飞或着陆时，由于速度较低，即使有较大的迎角，升力仍然很小，使无人机不能正常飞行。迎角的增大是有限度的，超过临界迎角以后就会产生失速现象，给飞行造成危险。因此，需要采用增升装置，使无人机在尽可能小的速度下产生足够的升力，提高无人机的起飞和着陆性能。可以通过以下几项增升原则来进一步提高无人机的升力，即：

1）改变机翼剖面形状，增大机翼弯度。

2）增大机翼面积。

3）改变气流的流动状态，控制机翼上的附面层，延缓气流分离。

无人机的增升装置通常安装在机翼的前缘和后缘部位，安装在机翼后缘的增升装置称为后缘襟翼，其应用最为广泛。图3-6所示是三种典型的后缘襟翼实例。图3-6a所示是一种最简单的襟翼，它是靠增大翼型弯度来增大升力的。当襟翼放下时，翼剖面变得更弯，因此增大了上翼面的气流速度，提高了升力，但同时阻力也随之增大，而且比升力增大的还要多，因此增升效果不佳。

另一种是后退开缝式襟翼，当襟翼打开时，其襟翼向后退的同时其前缘又和机翼后缘之间形成一条缝隙。图3-6b所示为富勒式襟翼。它有三重增升效果：一是增加了机翼弯度；二是增大了机翼面积；三是由于开缝的作用，使下翼面的高

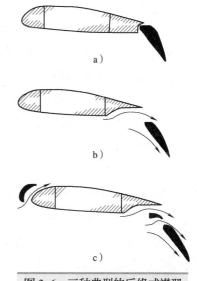

图3-6 三种典型的后缘式襟翼
a) 简单式襟翼 b) 富勒式襟翼 c) 双缝式襟翼

压气流以高速流向上翼面，使上翼面附面层中的气流速度增大，延缓了气流分离，起到了增升作用。后退开缝式襟翼的增升效果很好，在现代高速无人机和重型运输机上得到了广泛的应用。

图3-6c所示的双缝式襟翼是现代民用客机上广泛采用的一种增升装置。襟翼打开时，两个子翼一边向后偏转，一边向后延伸，同时，两个子翼还形成两道缝隙，它同样具有后退开缝式襟翼的三重增升效果。另外，图3-6c所示还采用了前缘缝翼增升装置，打开前缘缝翼后，下翼面的高压气流吹动主翼面上的附面层，防止气流产生分离。因此，此双缝式襟翼共有四重增升效果，增升效果甚佳。图3-7所示是机翼附面层控制装置示意图。图3-7a是附面层吹除装置，它可把高压空气从机翼上表面的缝隙中吹出，以高速流入附

面层，增加气流的动能，提高气流的流动速度，从而推迟气流的分离，达到增升的目的。图 3-7b 是附面层吸取装置，它是利用吸气泵，通过机翼上表面的缝隙，吸取附面层，使其气流的速度和能量增大，同样可以延缓翼面上的主流分离。吹除装置的高压气一般由喷气发动机的压气机提供，而吸气泵的工作一般也通过喷气发动机的涡轮来带动。这两种附面层控制增升装置的增升效果都相当好。

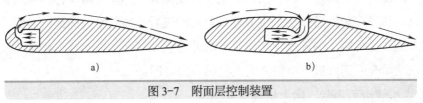

图 3-7 附面层控制装置

a 附面层吹除装置 b 附面层吸取装置

3.3.2 阻力

空气与无人机做相对运动时，除产生升力外，还要产生阻碍无人机前进的阻力。固定翼无人机的阻力是指机翼、机身、尾翼等各部分阻力的总和；旋翼无人机的阻力是指空气动力在桨轴方向上的所有分量阻力的合成力。其方向与无人机的运动方向相反，与升力垂直。

无人机阻力按其产生原因的不同分为摩擦阻力、压差阻力、干扰阻力、诱导阻力和激波阻力，其中激波阻力是在无人机高速飞行中产生的，在这里不做介绍。

1. 摩擦阻力

摩擦阻力是由于大气的黏性而产生的。当气流以一定速度 v 流过无人机表面时，由于空气的黏性作用，空气微团与无人机表面发生摩擦，阻滞了气流的流动，因此产生了摩擦阻力。当气流流过无人机表面时，由于大气的黏性使它与机翼接触的那层空气微团黏附在机翼表面，因此，紧贴无人机表面的那一层气体速度为零，从无人机表面向外，气流速度才一层比一层加大，直到最外层的气流速度与外界气流速度 v 相当为止，紧贴无人机表面，如图 3-8 所示。流速由外界气流速度 v 逐渐降低到零的这层薄薄的空气层称作附面层。无人机的摩擦阻力就是在附面层中产生的。

扫码看视频

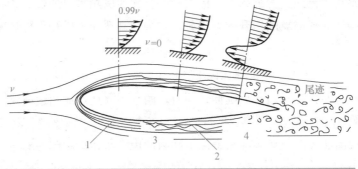

图 3-8 附面层示意图

1—层流层 2—紊流层 3—转捩点 4—分离点

通常来说，机翼在最大厚度以前，附面层的气流微团保持平行的层状运动，没有流体微团的横向运动，这一层称层流附面层。在这之后，气流运动轨迹变得越来越不规则，并出现旋涡和横向运动，这一层称作紊流附面层。层流转变为紊流的那一点 3 称为转捩点，附面层与翼面分离的点 4 称为分离点。在机翼的后缘部分气流产生了大量的旋涡，形成尾迹区。实践证明，层流层的摩擦阻力小，而紊流层的摩擦阻力大。

总之，摩擦阻力的大小取决于空气的黏性、无人机表面的状况、附面层中气流的流动情况和同气流接触的无人机表面积的大小。空气的黏性越大，无人机表面越粗糙，无人机的表面积越大，则摩擦阻力越大。为了减小摩擦阻力，应在这些方面采取必要的措施。另外，用层流翼型代替古典翼型，使紊流层尽量向后移，对减小摩擦阻力也是有益的。

2. 压差阻力

如图 3-9a 所示，当空气从 a 点以速度 v 流过翼型时，在机翼前缘部分（b 点）由于受到翼型的阻拦，流速减慢，压强升高；在气流流到翼型最高点（c 点）的过程中，速度不断增大，因而压力不断下降。但在 c 点之后，气流不断减速，压力不断增加，不断增大的压力起到阻碍气流向后流动的作用，因此速度下降很快，使附面层厚度急剧增加。靠近翼型尾部的附面层相对起到了修改翼面外形的作用，使翼面向外"移动"，因此在翼型尾部（d 点）形成一个低压区。这样在翼型前后就形成了一个压强差，阻碍无人机的向前飞行，这个由前后压强差形成的阻力称作压差阻力。

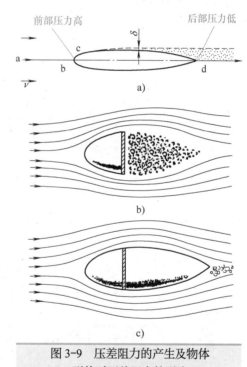

图 3-9　压差阻力的产生及物体形状对压差阻力的影响

a) 翼型的压差阻力　b) 圆锥体的压差阻力　c) 低压区被填满

压差阻力与物体的迎风面积有很大关系，物体的迎风面积越大，压差阻力也越大。物体的形状对压差阻力也有很大影响。如果把一个圆形平板垂直地放在气流中，由于气流受到平板前面的阻拦，平板前面压强迅速升高，而在平板后面形成了低压区，因此会产生很大的压差阻力。如果在圆形平板前加一个圆锥体，平板前面的高压区被圆锥体填满了，如图 3-9b 所示，气流可以平滑地流过，压强不会急剧升高，虽然平板后面的低压区仍存在，但前后压强差却大大减小，其压差阻力降为原平板压差阻力的 1/5 左右。如果在圆形平板后面再加一个细长的圆锥体，低压区也被填满，如图 3-9c 所示，整个流线体后面只出现很少的旋涡，此时的压差阻力只是原平板压差阻力的 1/20 左右。

因此，为了减小无人机的压差阻力，应尽量减小无人机的最大迎风面积，并对无人机的各部件进行整流，做成流线型，有些部件如活塞式发动机的机头应安装整流罩。

3. 诱导阻力

诱导阻力是伴随着升力而产生的，如果没有升力，诱导阻力也就等于零。因此，这个由升力诱导而产生的阻力称作诱导阻力，又称作升致阻力。

无人机的诱导阻力主要来自翼面，当无人机飞行时，下表面压强大，上表面压强小，由于机翼翼展的长度有限，因此，下表面的气流就力图绕过翼尖流向上表面，如图 3-10 所示，这样在翼尖处就不断形成旋涡。随着无人机向前飞行，旋涡从翼尖向后流去，并产生向下的下洗流 ω，在下洗流的作用下，原来的气流速度由 v 变为 v'，如图 3-11 所示，由下洗流 v' 所产生的升力 Y' 是垂直于 v' 的。而 Y' 又可分解为垂直于 v 的分量 Y 和平行于 v 的分量 D。其中 Y 起着升力的作用，而 D 则起着阻碍无人机飞行的作用，因此，由于下洗流的影响产生的这个附加的阻力就是诱导阻力。

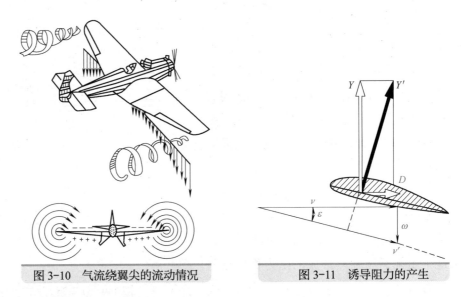

图 3-10　气流绕翼尖的流动情况　　　　图 3-11　诱导阻力的产生

诱导阻力与机翼的平面形状、翼剖面形状、展弦比等有关。可以通过增大展弦比，选择适当的平面形状（如椭圆形的机翼平面形状），增加翼梢小翼等来减小诱导阻力。

4. 干扰阻力

无人机的各个部件，如机身、机翼和尾翼等单独放在气流中所产生的阻力总和并不等于它们组合在一起所产生的阻力，而往往是后者大于前者。所谓干扰阻力就是无人机各部件组合到一起后由于气流的相互干扰而产生的一种额外阻力。

如图 3-12 所示，当把机翼和机身组合到一起时，机身和机翼之间就形成了一个先收缩后扩张的通道。根据连续性定理和伯努利方程，气流在流动的过程中压强就会由小变大，因此，导致后边的气流有往前回流的趋势，并形成一股逆流。这股逆流不会间断，与通道流过来的气流相遇，产生很多旋涡。这些旋涡表明气流流动的动能有了消耗，因而产生了一种额外的阻力。这一阻力是由于气流的相互干扰产生的，因此称作干扰阻力。

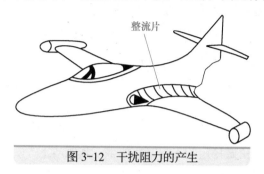

图 3-12　干扰阻力的产生

干扰阻力和无人机不同部件之间的相对位置有关，因此，在设计时要妥善地考虑和安排各部件的相对位置，必要时在这些部件之间加装流线型的整流片，使连接处圆滑过渡，尽量减小旋涡的产生。

高速无人机飞行时所产生的阻力，除了以上四种阻力之外，还有激波阻力。

3.3.3　低速空气动力特性

无人机空气动力性能的好坏，不能单看升力的大小，也不能单看阻力的大小，必须将它们综合起来考虑，研究它们的对比关系。

1. 升阻比

无人机的升阻比是相同迎角下，升力与阻力之比，用 K 表示。即

$$K = \frac{Y}{X} = \frac{C_y \frac{1}{2}\rho V^2 S}{C_x \frac{1}{2}\rho V^2 S} = \frac{C_y}{C_x} \tag{3-9}$$

由此可见，升阻比也是同一迎角下升力系数和阻力系数的比值。无人机的翼型形状和无人机表面质量是一定的，升力系数和阻力系数大小主要随迎角而改变，所以升阻比的大小也主要随迎角的改变而改变。

2. 无人机极限

如果以升力系数作为纵坐标，阻力系数作为横坐标，把无人机的升力系数和阻力系数随迎角变化的关系综合地用一条曲线表示出来，此曲线就是无人机的空气动力曲线，称为极限。

无人机极线上每一点代表了一个迎角，其横、纵坐标分别表示该迎角下升力系数和阻力系数的大小。

3.4 无人机的稳定性和操纵性

3.4.1 固定翼无人机的稳定性和操纵性

无人机的稳定性是指在飞行中无人机受到扰动偏离原来平衡状态，扰动消失后，不经操控靠自身性能自动恢复到原来平衡状态的能力。

1. 固定翼无人机的稳定性

(1) 纵向稳定性 (俯仰稳定性)　无人机的纵向稳定性由无人机重心在焦点之前来保证。影响无人机纵向稳定性的主要因素有无人机的水平尾翼和无人机的重心位置。

当无人机以一定的攻角做稳定的飞行时，如果一阵风从下方吹向机头，使无人机机翼的攻角增大，无人机抬头。阵风消失后，由于惯性的作用，无人机仍要沿原来的方向向前冲一段路程。这时由于水平尾翼的攻角也跟着增大，从而产生了一个低头力矩。无人机在这个低头力矩作用下，使机头下沉。经过短时间的上下摇摆，无人机就可恢复到原来的飞行状态。

除水平尾翼外，无人机的重心位置对纵向稳定性也有较大的影响。重心靠后的无人机，其纵向稳定性要比重心靠前的差。其原因是重心与焦点距离小，攻角改变时产生的附加力矩减小。对于重心靠后的无人机，当无人机受扰动而增大攻角时，机翼产生的附加升力是使机头上仰，攻角进一步增大，形成不稳定力矩。这时主要靠水平尾翼的附加升力，使机头下俯，攻角减小，以保证无人机的纵向稳定性。

(2) 方向稳定性　无人机的方向稳定性是指无人机绕立轴的稳定性。无人机的方向稳定力矩是在侧滑中产生的。所谓侧滑是指无人机的对称面与相对气流方向不一致的飞行。它是一种既向前、又向侧方的运动。

(3) 侧向稳定性　无人机的侧向稳定性是指无人机绕纵轴的稳定性。处于稳定飞行状态下的无人机，如果有一个小的外力干扰，使机翼一边高一边低，无人机绕纵轴发生倾侧。当外力取消后，无人机靠本身产生一个恢复力矩，自动恢复到原来飞行状态，而不靠驾驶员的帮助，这架无人机就是侧向稳定的，否则就是侧向不稳定。保证无人机侧向稳定性的因素主要有机翼的上反角和后掠角。

2. 固定翼无人机操纵性

(1) 纵向操纵　无人机的纵向操纵是指控制无人机绕横轴的俯仰运动。它是通过控制升降舵向下或向上偏转，来实现无人机纵向操纵的目的。

(2) 方向操纵　无人机的方向操纵是指无人机绕立轴的偏航运动。通过操纵无人机的方向舵使其向左右偏转，来实现无人机的纵向操纵。

(3) 侧向操纵　无人机的侧向操纵是指无人机绕纵轴的滚转运动。

3.4.2 无人直升机的稳定性和操纵性

1. 无人直升机的稳定性

(1) 旋翼无人机静稳定性　旋翼无人机在做定常直线飞行过程中可能遇到各种瞬时扰

动作用（如阵风扰动、重量、重心的变化等），使旋翼无人机的平衡飞行状态遭到破坏。平衡状态被破坏瞬间的旋翼无人机运动趋势称作旋翼无人机的静稳定性。如果旋翼无人机受到外界瞬时扰动作用后不经自动驾驶仪操纵的干预具有自动恢复原来平衡状态的趋势，则称旋翼无人机是静稳定的；反之，在外界瞬时扰动后旋翼无人机有扩大偏离平衡状态的趋势，则称旋翼无人机是静不稳定的。此外，第三种可能的情况是旋翼无人机受到瞬时扰动作用后既无扩大偏离，又无恢复原来平衡状态的趋势，则称旋翼无人机是中性稳定的。

（2）旋翼无人机动稳定性 旋翼无人机的动稳定性是指做定常飞行的旋翼无人机受到扰动而偏离其平衡状态后，在由此而产生的力和力矩作用下所发生的运动性质。可分为以下几种情况：

1）动稳定的旋翼无人机受扰而偏离原平衡位置，当干扰因素消失后，其运动为减幅振荡（阻尼振荡），或为单调衰减（非周期）运动。

2）动不稳定的旋翼无人机受扰而偏离原平衡位置，当干扰因素消失后，其运动为增幅振荡（发散振荡），或为单调发散（非周期）运动。

3）中性动稳定的旋翼无人机受扰而偏离原平衡位置，当干扰因素消失后，其运动为等幅振荡（简谐振荡），或保持运动参数为常值。

2. 无人直升机的操纵性

操纵性是研究旋翼无人机在自动驾驶仪操纵后的飞行状态改变的动态过程。该过程是非定常过程，其运动特性随时间呈不规则的随机性变化。旋翼无人机操纵特性与操纵输入量有关，该操纵输入控制着旋翼无人机从某一飞行状态过渡到另一飞行状态。

一般用两个术语来进一步定义操纵性：操纵功效和操纵灵敏度。操纵功效指的是为了从定常配平飞行状态作机动或者为了补偿大的突风扰动，自动驾驶仪可以利用的总的力矩（指单位操纵运动所产生的力或者力矩）。

旋翼无人机的纵向和横向操纵力矩是自动驾驶仪通过伺服机构改变自动倾斜器的倾斜角来实现的。而旋翼无人机的航向操纵力矩则是自动驾驶仪通过伺服机构改变尾桨桨距来实现的。

旋翼无人机的操纵功效较大，则旋翼无人机重心可以有较宽的变化范围，或者可以减小自动倾斜器的操纵倾角。当旋翼以及尾桨离旋翼无人机重心的垂直距离较大时，显然操纵功效较大，因此一般采用降低旋翼无人机重心的方法增大操纵功效。此外，适当增大桨叶挥舞铰离桨毂中心的外伸量也可以增大操纵功效，显然无铰旋翼的操纵功效较大。

3.4.3 多旋翼无人机的稳定性和操纵性

1. 结构形式

旋翼对称分布在机体的前、后、左、右四个方向，四个旋翼处于同一高度平面，且四个旋翼的结构和半径都相同，四个电动机对称地安装在飞行器的支架端，支架中间空间安放飞行控制计算机和外部设备。多旋翼无人机结构图如图3-13所示。

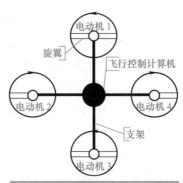

图3-13　多旋翼无人机结构图

2. 工作原理

四旋翼飞行器通过调节四个电动机转速来改变旋翼转速，实现升力的变化，从而控制飞行器的姿态和位置。四旋翼飞行器是一种六自由度的垂直升降机，只有四个输入力，同时却有六个状态输出，所以它又是一种欠驱动系统。

四旋翼飞行器的电动机1和电动机3逆时针方向旋转的同时，电动机2和电动机4顺时针方向旋转，因此当飞行器平衡飞行时，陀螺效应和空气动力扭矩效应均被抵消。

在图3-14中，电动机1和电动机3逆时针方向旋转，电动机2和电动机4顺时针方向旋转，规定沿 X 轴正方向运动称为向前运动，箭头在旋翼的运动平面上方表示此电动机转速提高，在下方表示此电动机转速下降。

1）垂直运动：同时增加四个电动机的输出功率，旋翼转速增加使得总的拉力增大，当总拉力足以克服整机的重量时，四旋翼飞行器便离地垂直上升；反之，同时减小四个电动机的输出功率，四旋翼飞行器则垂直下降，直至平衡落地，实现了沿 Z 轴的垂直运动。当外界扰动量为零时，在旋翼产生的升力等于飞行器的自重时，飞行器便保持悬停状态。

2）俯仰运动：在图3-14b中，电动机1的转速上升，电动机3的转速下降（改变量大小应相等），电动机2、电动机4的转速保持不变。由于旋翼1的升力上升，旋翼3的升力下降，产生的不平衡力矩使机身绕 Y 轴旋转，同理，当电动机1的转速下降，电动机3的转速上升，机身便绕 Y 轴向另一个方向旋转，实现飞行器的俯仰运动。

3）滚转运动：与图3-14b的原理相同，在图3-14c中，改变电动机2和电动机4的转速，保持电动机1和电动机3的转速不变，则可使机身绕 X 轴旋转（正向和反向），实现飞行器的滚转运动。

4）偏航运动：旋翼转动过程中由于空气阻力作用会形成与转动方向相反的反扭矩，为了克服反扭矩影响，可使四个旋翼两个正转、两个反转，且对角线上的各个旋翼转动方向相同。反扭矩的大小与旋翼转速有关，当四个电动机转速相同时，四个旋翼产生的反扭矩相互平衡，四旋翼飞行器不发生转动；当四个电动机转速不完全相同时，不平衡的反扭矩会引起四旋翼飞行器转动。在图3-14d中，当电动机1和电动机3的转速上升，电动机2和电动机4的转速下降时，旋翼1和旋翼3对机身的反扭矩大于旋翼2和旋翼4对机身的反扭矩，机身便在富余反扭矩的作用下绕 Z 轴转动，实现飞行器的偏航运动，转向与电动机 1、电动机 3 的转向相反。

5）前后运动：要想实现飞行器在水平面内前、后、左、右的运动，必须在水平面内对飞行器施加一定的力。在图 3-14e 中，增加电动机 3 转速，使拉力增大，相应减小电动机 1 转速，使拉力减小，同时保持其他两个电动机转速不变，反扭矩仍然要保持平衡。按图 3-14b 的理论，飞行器首先发生一定程度的倾斜，从而使旋翼拉力产生水平分量，因此可以实现飞行器的前飞运动。向后飞行与向前飞行正好相反（在图 3-14b 和图 3-14c 中，飞行器在产生俯仰、翻滚运动的同时也会产生沿 X、Y 轴的水平运动）。

6）倾向运动：在图 3-14f 中，由于结构对称，所以倾向飞行的工作原理与前后运动完全一样。

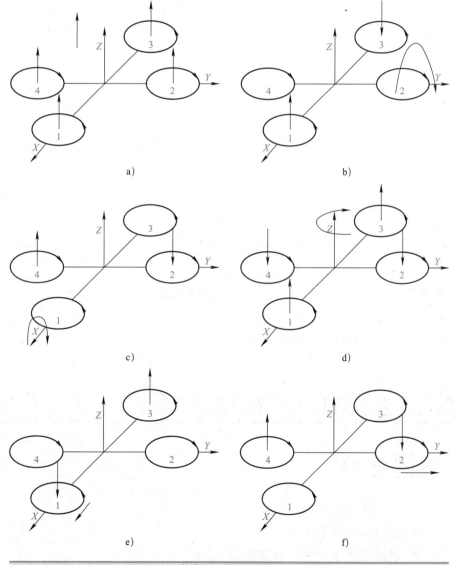

图 3-14 多旋翼飞行器沿各自由度运动

a) 垂直运动 b) 俯仰运动 c) 滚转运动 d) 偏航运动 e) 前后运动 f) 倾向运动

拓展阅读

科学脊梁钱学森：深怀爱国之心 砥砺报国之志

著名空气动力学家、中国航天事业的奠基人钱学森，始终以祖国为根系，以报国为使命，将毕生心血献给了祖国。1935年，钱学森作为公派赴美留学生进入美国麻省理工学院航空系学习，28岁时，已经是世界知名的空气动力学家、火箭专家。优厚待遇面前，他却决心回国，几经波折，直到1955年才登上归国的轮船。钱学森说："我打算竭尽努力，使我的同胞能过上有尊严和幸福的生活。"

1958年9月24日，钱学森递交了入党申请书，笔墨中蕴含着他为党奋斗终生、报国矢志不渝的决心与信仰。新中国百废待兴，国防建设刻不容缓。当时他肩负的国家重任就是为新中国造出第一枚导弹。困难重重，钱学森就从最基础的工作干起，艰苦的岁月里，钱学森和其他专家唯有夜以继日来克服无数难关。报国心切，唯图力竭。1960年11月5日，我国第一枚仿制型导弹"东风一号"发射成功。1964年7月9日，"东风二号"导弹发射成功。不辱使命、为国尽责，钱学森亲手缔造了"东风"导弹，让新中国"导弹之路"步入"快车道"；把导弹与原子弹这"两弹"结合，组成有实战价值、威力巨大的核武器；发射了我国第一颗人造地球卫星"东方红一号"，使航天事业取得开创性突破。

中国航天事业的迅猛发展，同样得益于战略科学家钱学森的前瞻性规划。他一手创建了中科院力学所，第一件事就是按照国家需求调整学科方向。2003年神舟五号飞行590s后摆脱了地球引力，浩瀚的太空终于迎来第一位中国人。探月工程、火星探测，这些都离不开钱学森的付出与坚持。

作为战略科学家，钱学森为新中国科技事业勾勒发展方向，他还培养了一批又一批科技领军人才。胸怀祖国、服务人民的爱国精神正在科学家群体中薪火相传，建设科技强国、创新强国的科学脊梁正在不断挺拔延伸。

巩固练习

1. 什么是流体的压缩性和黏性？

2. 简述什么是伯努利定理。

3. 无人机的阻力有哪些？请简要说明。

4. 简述四旋翼飞行器的工作原理。

航空气象

第4章

学习目标

知识目标

1. 掌握大气的基本要素
2. 了解大气的成分、特性和运动
3. 掌握影响飞行的气象知识

能力目标

1. 能够分析障碍物对风的影响
2. 能够分析雷暴对飞行的影响
3. 能够分析风切变对飞行的影响
4. 能够分析积冰对飞行的影响

素养目标

1. 具有规章意识，养成良好的职业行为习惯
2. 具有飞行安全意识和风险意识

问题引入

2016年6月28日，承载着扎克伯格"连接世界"梦想的Aquila太阳能无人机首次试飞时出现事故，幸无人员伤亡，但无人机已经严重损坏。Facebook对事故给出的解释是无人机在测试时遭遇强风导致右侧机翼结构失效。

哪些气象会严重影响无人机的飞行安全？这些气象又是如何影响无人机的飞行呢？如果飞行时碰到这些恶劣天气又该如何飞行从而确保无人机安全着陆？本章将对这些问题进行讲解。

知识讲授

4.1 大气成分

大气是环绕地球并贴近其表面的一层空气包层。它是地球的相当重要的一个组成部分，就像海洋或者陆地一样。

大气的组成包括 78% 的氮气，21% 的氧气以及 1% 的其他气体，如氩气等。在分析大气中的气象现象及天气过程时，可将大气看作一种混合物，它由三个部分组成：干洁空气、水汽和大气杂质。低空大气组成如图 4-1 所示。

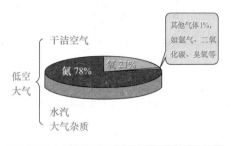

图 4-1 低空大气组成

干洁空气是构成大气的最主要部分，一般意义上所说的空气就是指这一部分。干洁空气主要由氮气和氧气构成，其体积分别占整个干洁空气的 78% 和 21%，余下的 1% 由其他几种气体构成，这些气体称为痕量气体，如二氧化碳、臭氧、氖气等。在 50km 高度以下干洁空气的构成比例基本保持不变。

地表和潮湿物体表面的水分蒸发进入大气就形成了大气中的水汽。大气中的水汽含量平均占整个大气体积的 0～5%，并随着高度的增加而逐渐减少，在离地 1.5～2km 高度，水汽含量约为地面的一半，5km 高度上仅为地面的 1/10。水汽随大气运动而运动，并可在一定条件下发生状态变化，即气态、液态和固态之间的相互转换。这一变化过程伴随着热量的释放或吸收，如水汽凝结成水滴时要放出热量，放出的热量称为凝结潜热。反之，液态的水蒸发成水汽时要吸收热量。水汽直接冻结成冰的过程称为凝华，而冰直接变成水汽的过程称为升华。

在大气中运动的水汽通过状态变化传输热量，如甲地水汽移到乙地凝结或低层水汽上升到高空凝结，就把热量从一个地方带到了另一个地方。热量传递是大气中的一个重要物理过程，与气温及天气变化关系密切。水汽在大气中循环如图 4-2 所示。

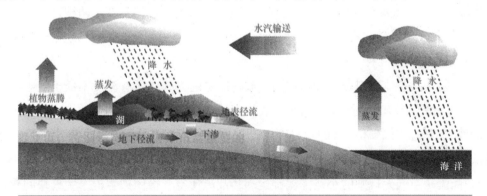

图 4-2 水汽在大气中循环

大气杂质又称为气溶胶粒子，是指悬浮于大气中的固体微粒或水汽凝结物。固体微粒包括烟粒、盐粒、尘粒等。烟粒主要来源于物质燃烧，盐粒主要是溅入空中的海水蒸发后留下的盐核，而尘粒则是被风吹起的土壤微粒和火山喷发后在空中留下的尘埃。水汽凝结物包括大气中的水滴和冰粒。在一定的天气条件下，大气杂质常聚集在一起，形成各种天气现象，如云、雾、雨、雪、风沙等，它们使大气透明度变差，并能吸收、散射和反射地面和太阳辐射，影响大气的温度。此外，固体杂质还可充当水汽的凝结核，在云、雾、降水等的形成过程中起着重要的作用。

4.2 大气特性

4.2.1 大气的基本要素

气象要素是表示大气中物理现象和物理变化过程的物理量。如气温、气压、湿度、风向、风速、能见度、降水量、云量、辐射等。气象要素表征大气的宏观物理状态，其中气温、气压和空气湿度称为三大气象要素。

1. 气温

气温是表示空气冷热程度的物理量，它实质上是空气分子平均动能大小的宏观表现。一般情况下人们可将空气看作理想气体，这样空气分子的平均动能就是空气内能，气温的升高或降低对应空气内能的增加或减少。气温通常用三种温标来度量，即摄氏温标（℃）、华氏温标（°F）和绝对温标（K）。摄氏温标将标准状况下纯水的冰点定为 0℃，沸点定为 100℃，其间分为 100 等分，每一等分为 1℃。华氏温标是将纯水的冰点定为 32°F，沸点定为 212°F，其间分为 180 等分，每一等分为 1°F，可见 1℃ 与 1°F 是不相等的。将摄氏度换算为华氏度的关系式为

$$1℃ = 33.8°F \tag{4-1}$$

实际大气中，气温变化的基本方式有气温的非绝热变化和绝热变化两种。

非绝热变化是指空气块通过与外界的热量交换而产生的温度变化。气块与外界交换热量的方式主要有以下几种：

1）辐射是指物体以电磁波的形式向外放射能量的方式。所有温度不低于绝对零度的物体，都要向周围放出辐射能，同时也吸收周围的辐射能。物体温度越高，辐射能力越强，辐射的波长越短。如物体吸收的辐射能大于其放出的辐射能，温度就要升高，反之则温度降低。

2）乱流是空气无规则的小范围涡旋运动，乱流使空气微团产生混合，气块间热量也随之得到交换。摩擦层下层由于地表的摩擦阻碍而产生扰动，以及地表增热不均而引起空气乱流，是乱流活动最强烈的层次。乱流是这一层中热量交换的重要方式之一。

3）水相变化是指水的状态变化，水通过相变释放热量或吸收热量，引起气温变化。

4）传导是依靠分子的热运动，将热量从高温物体直接传递给低温物体的现象，由于空气分子间隙大，通过传导交换的热量很少，仅在贴地层中较为明显。

绝热变化是指空气块与外界没有热量交换，仅由于其自身内能增减而引起的温度变

化。例如，当空气块被压缩时，外界对它做的功转化成内能，空气块温度会升高；反之，空气块在膨胀时温度会降低。飞机在飞行中，其机翼前缘空气被压缩而增温，后缘涡流区空气因膨胀而降温，这对现代高速飞机是非常明显的。实际大气中，当气块做升降运动时，可近似地看作绝热过程。气块上升时，因外界气压降低而膨胀，对外做功耗去一部分内能，温度降低；气块下降时则相反，温度升高。

2. 气压

气压即大气压强，是指与大气相接触的面上，空气分子作用在单位面积上的力。这个力是由于空气分子的无规则运动，而对接触面产生碰撞引起的，也是空气分子运动所产生的压力。常用度量气压的单位有百帕（hPa）和毫米汞柱（mmHg）。

$$1hPa=100N/m^2=0.75mmHg \tag{4-2}$$

在大气处于静止状态时，某一高度上的气压值等于其单位面积上所承受的上部大气柱的重量，随着高度增加，上部大气柱越来越短，且空气密度越来越小，大气柱重量也就越来越小。

航空中常用的气压有本站气压、修正海平面气压、场面气压和标准海平面气压。

1）本站气压是指气象台气压表直接测得的气压。由于各测站所处地理位置及海拔高度不同，本站气压常有较大差异。

2）修正海平面气压是由本站气压推算到同一地点海平面高度上的气压值。运用修正海平面气压便于分析和研究气压水平分布情况。海拔高度大于1 500m的测站不推算修正海平面气压，因为推算出的海平面气压误差可能过大，失去意义。

3）场面气压是指场面着陆区（跑道入口端）最高点的气压。场面气压也是由本站气压推算出来的。飞机起降时为了准确掌握其相对跑道的高度，就需要知道场面气压。场面气压也可由机场标高点处的气压代替。

4）标准海平面气压是大气处于标准状态下的海平面气压，其值为1 013.25hPa或760mmHg。海平面气压是经常变化的，而标准海平面气压是一个常数。

飞机飞行时，测量高度多采用无线电高度表和气压式高度表。无线电高度表所测量的是飞机相对于所飞越地区地表的垂直距离。

3. 空气湿度

空气湿度就是用来度量空气中水汽含量多少或者空气干燥潮湿程度的物理量。相对湿度是常用的湿度表示方法，其定义为空气中的实际水汽压与同温度下的饱和水汽压的百分比，即

$$f=e/E\times100\% \tag{4-3}$$

相对湿度的大小直接反映了空气距离水汽饱和状态的程度。相对湿度越大，说明空气

中的水汽越接近饱和。相对湿度的大小取决于两个因素：一是空气中的水汽含量。水汽含量越多，水汽压越大，相对湿度越大；另一个因素是温度。在水汽含量不变的情况下，温度升高，饱和水汽压增大，相对湿度减小。

当空气中水汽含量不变且气压一定时，气温降低到使空气达到水汽饱和的温度，称为露点。气压一定时，露点的高低只与空气中水汽含量的多少有关，水汽含量越多，露点温度越高，露点温度的高低反映了空气中水汽含量的多少。

当空气处于未饱和状态时，其露点温度低于气温，只有在空气达到饱和时，露点温度才和气温相等。所以可以用气温露点差来判断空气的饱和程度，气温露点差越小，空气越潮湿。

露点温度的高低还与气压的大小有关。在水汽含量不变的情况下，气压降低时，露点温度也会随之降低。实际大气中作为上升运动的空气块，一方面由于体积膨胀而绝热降温，另一方面由于气压的减小，其露点温度也有所降低，但气温降低速度远远大于露点温度的降低速度，因而空气块只要能上升到足够的高度就可以达到饱和（气温和露点趋于一致）。一般而言，未饱和的空气每上升100m，温度约下降1℃，而露点温度约下降0.2℃，因此气温露点差的减小速度约为0.8℃/100m。

4.2.2 大气特性

1. 海拔高度对大气的影响

在大气处于静止状态时，某一高度上的气压值等于其单位水平面积上所能承受的上部大气柱的重量。随着高度增加，其上部大气柱越来越短，且气柱中空气密度越来越小，气柱重量也越来越小。随着海拔升高，空气变得稀薄，大气压力也随着降低。分布于全球的气象站为了提供一个记录和报告的标准，会按照海拔高度每增加1 000ft（1ft=0.304 8m）就近似增加1in（1in=0.025 4m）水银柱的规则将当地大气压转化为一个海平面压力。使用公共的海平面压力读数可以帮助确保基于当前压力读数的飞机高度计的设定是准确的。

大气压力的降低对飞机性能有显著的影响。在较高的高度，伴随着降低的大气压力，起飞和着陆距离增加，爬升率也会减小。当一架飞机起飞时，升力必须通过机翼周围的空气流动才能产生。如果空气稀薄，则需要更大的速度来获得足够的起飞升力，因此，地面滑跑距离就会更长。一架飞机在海平面需要1 000ft的滑跑距离，在海平面5000ft以上高度的机场将需要差不多两倍的滑跑距离。

2. 空气密度差异的影响

气温、气压和空气湿度的变化都会对飞机性能和仪表指示造成一定的影响，这种影响主要通过它们对空气密度的影响而实现。空气密度与气压成正比，与气温成反比。对局部空气而言，气温变化幅度比气压变化幅度要大得多，因此，空气密度变化主要由气温变化引起。实际大气中通常含有水汽，由于水的分子量（18）比空气平均分子量（约为29）要小很多，因此水汽含量不同的空气，密度也不一样，水汽含量越大，空气密度越小。暖湿空气的密度要比干冷空气的密度小得多。

飞机的飞行性能主要受大气密度的影响。如当实际大气密度大于标准大气密度时，一方面空气作用于飞机上的力要加大，另一方面发动机功率增大，推力增大。这两方面作用的结果就会使飞机飞行性能提升，即最大平飞速度、最大爬升率和起飞载重量会增加，而飞机起飞、着陆滑跑距离会缩短。当实际大气密度小于标准大气密度时，情况则相反。

3. 温度对大气影响

气温对飞行直接或间接的影响是多方面的。

第一，气温高低影响飞机滑跑距离。气温高时空气密度小，一方面使发动机推力或螺旋桨拉力减小，飞机增速慢；另一方面，使飞机的升力减小，要求飞机的离地速度增大，所以飞机起飞的滑跑距离要长一些。反之，气温低时空气密度大，飞机增速快，飞机升力增大，因此起飞的滑跑距离就短一些。

同样道理，飞机着陆时的滑跑距离也受气温影响，气温高时空气密度小，阻力小，飞机减速慢，滑跑距离增加；反之，气温低时滑跑距离缩短。

第二，气温对飞机平飞的最大速度也有影响。气温低时空气密度大，飞机发动机的推力增大，空气的阻力也增加，但阻力增加值不及推力增大值，综合结果还是使平飞最大速度增加；相反，飞机在超音速和低速飞行时气温升高，平飞最大速度则会减小。

第三，气温高低影响飞机空速表和高度表的示数。飞机上使用的空速表和高度表是根据标准密度和标准气压设计的。在纬度45°处的海平面上，气压为760mmHg，气温为15℃时，所对应的密度为1.225g/m²，此密度称为标准密度，此气温称为标准气温。当实际空气密度与标准密度不一致或者实际气温与标准气温不一致时，就会影响到空速表和高度表示数的精确程度。

第四，温度的变化常常引起各种天气变化，进而影响到飞行活动。温度的变化和由于地表性质不同而引起的温度分布不均，最容易形成小规模的地方性风，这种小规模的地方性风常常引起低空风的突然变化产生旋涡，这种旋涡将造成飞机颠簸甚至失速。夜间温度降低，低层常常出现逆温，这是形成雾和烟幕的有利条件，雾和烟幕使飞机能见度变坏。温度随高度的分布是决定大气稳定度和形成云、雷雨的重要条件。云和雷雨以及大气不稳定而出现的晴空对流是影响飞机甚至危及安全的天气现象。

4.3 大气运动

大气运动的能量来源是太阳辐射，其根本原因是地面冷热不均。热量分布不均导致大气压力变化后产生大气运动，并形成尺度不一的大气环流，产生热量、水分等物质与能量输送，影响和制约着不同地区的天气和气候。

4.3.1 大气的水平运动

空气的水平运动就是通常所说的风。空气的运动是在力的作用下产生的。作用于空气的力除重力之外，还有由于气压分布不均产生的气压梯度力，由于地球自转而产生的地转偏向力，空气层之间、空气与地面之间存在相对运动而产生的摩擦力，空气做曲线运动时产生的惯性离心力，这些力在水平分量之间的不同组合，构成了不同形式的大气水平运动。地表冷热不均，造成同一水平面气压差异，气流从高压区流向低压区，这就形成了风，风是气流的水平运动。

风对航空器的飞行有影响，近地面的风对飞机起降的安全有直接影响。飞机顺风起飞、着陆会增加滑跑距离，当风速超过规定值时，就有可能冲出跑道或撞击障碍物的危险；逆风起落可以缩短滑跑距离，故一般采用逆风起降，但如果逆风超过一定限度也可使飞机操纵困难，有可能使飞机在跑道头提前接地；当飞机在侧风中起降时，飞机除向前运动外还顺着侧风方向移动，如不及时修正就会偏离跑道方向。飞机接地后，在滑行过程中，侧风对飞机垂直尾翼的侧压力会使机头向侧风方向偏转，有可能导致飞机打转等后果。

一架多旋翼无人机的抗风能力一般是针对水平风而言，这种能力与飞控的姿态限幅、多旋翼飞行平台的水平飞行阻力及动力电池的剩余马力三个因素有关。由于现在民用无人机飞控设计并无严格的行业标准，所以在抗风能力的表现上，各个企业所生产的无人机存在不同差异。

4.3.2 大气的垂直运动

大气运动除了水平运动，还存在上升、下降气流，这就是所谓的大气的垂直运动，也称为垂直风。垂直风有很多种，与多旋翼相关的两种分别是热力型气流和动力型气流。

热力型气流是由地面热力性质引起的，太阳照射，空气受热膨胀，密度减小，形成上升气流。太阳越强，水平风速越小，这种作用越明显。热力型气流会对多旋翼续航时间产生明显影响。例如，晴朗中午在郊外拍摄，悬停在道路上空的功率将小于悬停在草地上空的功率，航时也是前者大于后者。需要注意一点，当水平风较大时，热力型气流会被吹乱吹散，投影也不会在热表面上，这时寻找热力型气流只能根据经验或者地面站观察转速。

动力型气流是由于空气运动时受到机械抬升而引起的，如上坡迎风面对空气的抬升，建筑物对空气的抬升。这两类也是运行多旋翼无人机需要特别注意的。例如，广阔的山坡迎面风会提供稳定的上升气流，适当时可以加以利用。某些特殊建筑与地形产生的上升气流面积小且不规则，并不稳定，在风速较大时要避免进入，进入则会出现颠簸、碰撞、任务图像不稳定等问题。

4.3.3　对流产生的原因

1．太阳辐射作用

大气运动需要能量，而能量几乎都来源于太阳辐射的转化。大气不仅吸收太阳辐射、地面辐射和地球给予大气的其他类型能量，同时大气本身也向外放射辐射。然而这种吸收和放射的差额在大气中的分布是很不均匀的，沿纬圈平均在南纬35°至北纬35°之间是辐射差额的正值区，即净得能量区。由南纬35°向南和由北纬35°向北是辐射差额的负值区，即净失能量区。这样自赤道向两极形成了辐射梯度，并以中纬度地区净辐射梯度最大。净辐射梯度分布引起了地球上高、低纬度间的大气热量收支不平衡，使大气中出现了有效位能，形成了向极地的温度梯度。大气是低黏性、可压缩流体，温度和气压的改变可能引起膨胀或收缩。结果，低纬大气因净得热量不断增温并膨胀上升，极地大气因净失热量不断冷却并收缩下沉。在这种温度梯度下，为保持静力平衡，对流层高层必然出现向极地的气压梯度，低层出现向低纬的气压梯度。假设地球表面性质均一和没有地转偏向力，则气压梯度力的作用将使赤道和极地间构成一个大的理想的直接热力环流圈，如图4-3所示。环流使高、低纬度间不同温度的空气得以交换，并把低纬度的净收入热量向高纬度输送，以补偿高纬热量的净支出，从而维持了纬度间的热量平衡。因此，太阳辐射对大气系统加热不均是大气产生大规模运动的根本原因，而大气在高、低纬度间的热量收支不平衡是产生和维持大气环流的直接原动力。

2．地球自转作用

地球自转产生的偏转力迫使运动空气的方向偏离气压梯度力方向，在北半球，气流向右偏转，结果使直接热力环流圈中自极地低空流向赤道的气流偏转成东风，而不能径直到达赤道；同样，自赤道高空流向极地的气流随纬度增高偏转程度增大，逐渐变成与纬圈相平行的西风。可见，在偏转力的作用下，理想的单一的经圈环流既不能生成也难以维持，因而形成了几乎遍及全球（赤道地区除外）的纬向环流。纬向风带的出现阻挡着经向气流的逾越，引起某些地区空气质量的辐合和一些地区空气质量的辐散，使一些地区的高压带和另一些地区的低压带得以形成和维持。结果，全球气压水平分布在热力和动力因子作用下，呈现出规则的纬向气压带，而且高低气压带交互排列，如图4-3所示。气压带的生成和维持又是经圈环流形成的必需条件，因此地球自转是全球大气环流形成和维持的重要因子。

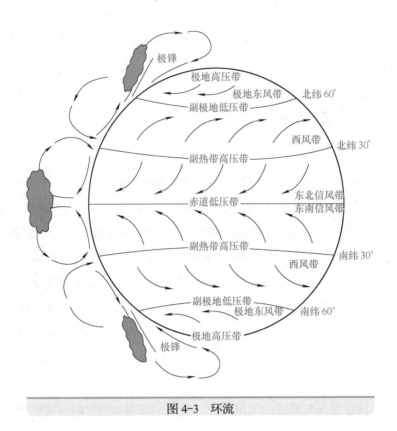

图 4-3 环流

3. 地表性质作用

地球表面有广阔的海洋、大片的陆地，陆地上又有高山峻岭、低地平原、广大沙漠以及极地冷源，从对大气环流的影响来说，海陆间热力性质的差异所造成的冷热源分布和山脉的机械阻滞作用都是重要的热力和动力因素。

海洋与陆地的热力性质有很大差异。夏季，陆地上成为相对热源，海洋上成为相对冷源；冬季，陆地成为相对冷源，海洋却成为相对热源。这种冷热源分布直接影响到海陆间的气压分布，使完整的纬向气压带分裂成一个个闭合的高压和低压。同时，冬夏海、陆间的热力差异引起的气压梯度驱动着海陆间的大气流动，这种随季节而转换的环流是季风形成的重要因素。北半球陆地辽阔，海陆东西相间分布，在冬季，大陆是冷源，纬向西风气流流经大陆时气流温度逐渐降低，直到大陆东岸降到最低，气流东流入海后，因海洋是热源，气温不断升温，直到海洋东岸温度升到最高，这样便形成了温度场。即大陆东岸成为温度槽，大陆西岸形成温度脊。夏季时，温度场相反，大陆东岸成为温度脊，大陆西岸成为温度槽。根据热成风原理，与温度场相适应的高空气压场则是冬季大陆东岸出现低压槽，西岸出现高压脊，夏季时相反。可见，海陆东西相间分布对高空环流形势的建立和变化有明显影响。

地形起伏尤其是大范围的高原和高大山脉对大气环流的影响非常显著，其影响包括动力作用和热力作用两个方面。当大规模气流爬越高原和高山时常常在高山迎风侧受阻，造成空气质量辐合，形成高压脊，在高山背风侧则利于空气辐散，形成低压槽。东亚沿岸和北美东岸，冬半年经常存在的高空大槽，虽然其形成同海陆温差有关，但与西风气流爬越巨大青藏高压和落基山的动力减压也有一定关系。如果地形过于高大或气流比较浅薄，则运动气流往往不能爬越高大地形，而在山地迎风面发生绕流或分支现象，在背风面发生气流汇合现象。例如，对青藏高原周围的大气来说，夏季时高原面是热源、冬季时是冷源，这种热力效应对南亚和东亚季风环流的形成、发展和维持有重要影响。

夏季极冰的冷源作用改变了太阳总辐射所形成的夏季经向辐射梯度，使对流层大气的夏季热源仍维持在低纬，冷源维持在高纬极区，这种夏季极冰冷源作用是影响大气环流运动的又一重要因素。

因此海陆和地形的共同作用，不仅使低层大气环流变得复杂化，而且也使中高层大气环流有在特定地区出现平均槽、脊的趋势。

4．地面摩擦作用

大气与地球表面产生着相对运动，产生摩擦作用，而摩擦作用和山脉作用使空气与转动地球之间产生了转动力矩（即角动量）。角动量在风带中的产生、损耗以及在风带间的输送、平衡，对大气环流的形成和维持具有重要作用。

4.3.4　障碍物对风的影响

地面上障碍物影响风的流向，同时地面的地形和大的建筑物会分散风的流向，产生快速改变方向和速度的阵风，如图4-4所示。这些障碍物包括人造建筑物如飞机棚等，大的自然障碍物如山脉、峭壁或者峡谷等。当飞进或者飞离靠近这些障碍物的飞机场时，操作人员需要高度警惕。

图4-4　障碍物对风的影响

和地面建筑物有关的湍流强度与障碍物的大小和风的基本速度有关。这会影响任何飞机的起飞和着陆性能，也会引发非常严重的危险。在飞行的着陆阶段，飞机可能由于湍流空气而下降，导致飞得太低而不能飞越障碍物。在山地区域时，这种情况甚至更加明显，如图 4-5 所示。风沿着迎风侧平稳地向上流动，上升的气流会帮助飞机飞越山脉的顶峰，当空气流在山的背风侧向下时，空气顺着地形的轮廓流动，湍流逐渐增加，这就趋向于把飞机推向山的一侧。风越强，向下的压力和湍流就变得越强烈。由于在山谷或者峡谷中地形对风的影响，强烈的向下气流可能相当严重。因此建议谨慎的驾驶员寻找一位合格的山地飞行指导员，在多山的地形或者靠近多山地区飞行前对山地进行调查。

图 4-5　山区湍流对飞机飞行的影响

4.4　严重影响飞行的气象

4.4.1　雷暴

由对流旺盛的积雨云引起的伴有电闪雷鸣的局地风暴称为雷暴。

1. 雷暴形成的条件

1）深厚而明显的不稳定气层。

2）充沛的水汽。

3）足够的冲击力。

2. 一般雷暴结构

一般雷暴单体根据垂直气流状况，可分为三个阶段：积云阶段、成熟阶段、消散阶段。

1）积云阶段：内部都是上升气流，并随高度的增加而增强。因为大量水汽在云中凝结并释放潜热，所以云中温度高于同高度上四周空气的温度。

2）成熟阶段：云中除上升气流外，局部出现有系统的下降气流和降水，产生并发展强烈的湍流、积冰、闪电、阵雨和大风。

3）消散阶段：下降气流遍布云中，温度低于周围空气。一般雷暴单体的水平尺度为 5 ～ 10km，高度可达 12km，生命期大，约 1h。

3．雷暴与飞行

雷暴是一种极具危险性的天气现象，尽管现代科学技术已经创造了相当成熟的避雷装置和雷击防护措施，然而全球每年仍然由雷暴造成大量的灾祸，如影响飞机、舰船、电气机车等的航行（行驶），酿成空难、海难、车祸等交通事故；击毁建筑物、输电和通信线路等设施，造成各种事故；直接击伤、击毙人、畜。此外，还可能引起次生火灾等。在这些灾祸中，航行于雷暴天气里的飞机、船舶遭到雷电袭击是最易发生的。

4.4.2　风切变

扫码看视频

1．定义

风矢量（风向、风速）在空中水平和垂直方向上的变化称为风切变。对飞机起飞和安全着陆威胁最大的是低空风切变，即发生在着陆进场或起飞爬升阶段的风切变。它不仅能使飞机航迹偏离，而且可能使飞机失去稳定，如果处置不当，则会产生严重后果。

2．低空风切变

低空风切变是在近地面层附近的每一高度或不同高度很短距离内风向、风速发生较大的变化或短距离上升、下沉气流突然变化的现象。气象学根据风场的空间结构把低空风切变分为三种类型。

（1）水平风的垂直切变　这是指水平风在垂直方向上两个不同高度点之间的风向和风速的变化。

（2）水平风的水平切变　这是指水平风在水平方向上两个不同距离点之间的风向和风速的变化。

（3）垂直风的切变　这是指上升或下降气流（垂直风）在水平方向（或航迹方向）上的变化。

3．对飞行有影响的风切变

飞机在大气中飞行会遇到顺风、逆风、侧风和垂直风等因素的影响。因此，根据飞机相对于风矢量的方位不同，把风切变区分为顺风切变、逆风切变、侧风切变和下冲气流切变四种形式。

（1）顺风切变　顺风切变是指飞机从静风到小顺风、小顺风到大顺风、逆风到静风、大逆风到小逆风区域内飞行，这是一种比较危险的风切变。在这种情形下飞行，由于顺风矢量增大，机体与空气的相对速度减少，升力随之减少，飞机从正常轨道下跌。如果目测高度低，不及时修正，则飞机在着陆过程中将会提前触地，如图4-6所示。

（2）逆风切变　逆风切变是指飞机从顺风由大到小、顺风到静风、静风到小逆风、小逆风到大逆风。在这种情况下飞行，由于顺风矢量减少，逆风矢量增大，机体与空气的相对速度增加，升力随之增大，飞机将高于正常轨迹。在着陆过程中，如果目测过高，不及时修正，则会造成飞机着陆速度过大，滑跑距离增长，甚至会冲出跑道，如图4-7所示。

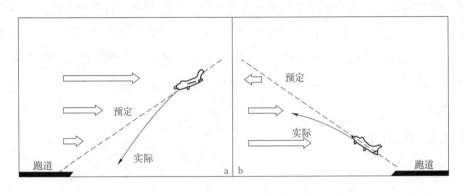

图4-6　顺风切变对飞行的影响

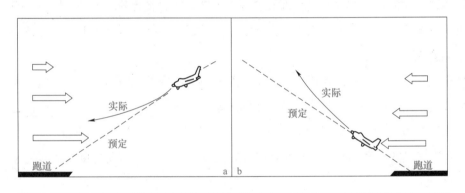

图4-7　逆风切变对飞行的影响

（3）侧风切变　侧风切变是指飞机从一种侧风或无侧风状态进入另一种明显不同的侧风状态的情况。在着陆过程中，使飞机向左或向右偏航，发生侧滑、滚转或偏转而对不准跑道，如图4-8所示。

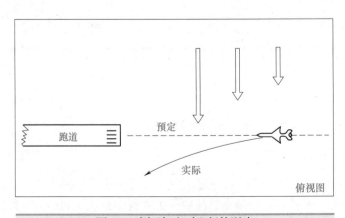

图4-8　侧风切变对飞行的影响

（4）下冲气流切变　下冲气流切变是指飞机从无明显的升降气流区域进入到强烈的下冲气流区域的情形。在这种情形下对飞行的危害最大，如图4-9所示。

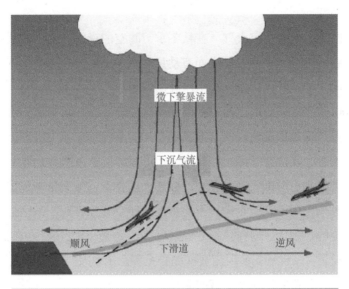

图 4-9　下冲气流切变对飞行的影响

4. 低空风切变产生的原因

产生低空风切变的原因主要有两大类，一类是大气运动本身的变化所造成的，另一类是地理、环境因素所造成的，有时由两者综合而成。

（1）强对流天气　强对流天气通常指雷暴、积雨云等天气。在这种天气条件影响下的一定空间范围内，均可产生较强的风切变，尤其是在雷暴云体中的强烈下降气流区和积雨云的前沿阵风锋区更为严重，如图4-10所示。对于特别强的下降气流称为微下冲气流，是对飞行危害最大的一种。

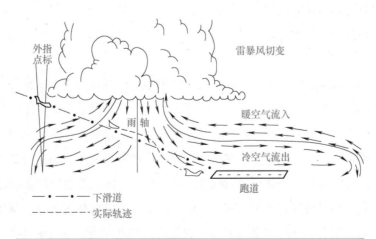

图 4-10　强对流天气对飞行的影响

（2）锋面天气　无论是冷锋或暖锋均可产生低空风切变，不过其强度和区域范围不尽相同。这种天气的风切变多以水平风的水平和垂直切变为主，一般来说，其危害程度不如强对流天气的风切变。

（3）辐射逆温型的低空急流天气　在秋冬季节晴空的夜间，由于强烈的地面辐射降温而形成低空逆温层的存在，该逆温层上面有动量堆积，风速较大形成急流，而逆温层下面风速较小，近地面往往是静风，所以产生逆温风切变。

（4）地形地物　当机场周围山脉较多或地形比较复杂时，常会遇到由于地形造成的低空风切变。当盛行风横越山脉时，在其迎风面会形成上升气流，飞机会上升高度，而在背风面出现下降气流时，飞机会下降一些高度，在山顶附近的风速将会增大。

由于风切变现象具有时间短、尺度小、强度大的特点，从而带来了探测难、预报难、航管难、飞行难等一系列困难，是一种不易解决的航空气象难题。某些强风切变是现有飞机的性能不能抗拒的，因此，对付风切变的最好办法是避开它。进行风切变的飞行员培训和飞行操作程序设置，在机场安装风切变探测和报警系统以及安装机载风切变探测、告警、回避系统，都是减轻和避免风切变危害的途径。

4.4.3　积冰

1. 积冰的定义

积冰是指飞机机体表面某些部位聚集冰层的现象。积冰主要是由于过冷水滴或降水中的过冷雨滴碰到飞机机体后冻结形成的，也可由水汽直接在机体表面直接凝华而成。

2. 积冰的类型

飞机积冰主要分为三类：明冰、毛冰、雾凇和霜。

（1）明冰　明冰的形状像冬季地面上常见的薄冰，呈透明状、表面光滑，在飞机上冻结牢固。明冰对飞机飞行的危害较大，除了会改变飞机的气动特性外，积冰较厚时，还可能使飞机的重心改变，产生俯仰力矩，使飞机的安全性能变差，冰层破碎后的冰块可能还会打坏发动机。

（2）毛冰　毛冰表面粗糙不平，冻结得比较牢固，色泽像白瓷，又称瓷冰。毛冰对飞机的气动特性的改变比明冰大，所以，毛冰对飞机飞行的危害不亚于明冰。

（3）雾凇和霜　雾凇是由许多颗粒状冰晶组成的表面粗糙的不透明冰层。它是最常见的积冰类型，危害比较小，因为它多在机体突出部位的前缘发生，而飞机的防冰除冰装置也在这个位置。同时，它的积冰形状对气流的影响较小，它松脆的质地使除冰工作比较容易。霜是在晴空飞行时出现的一种积冰，它是水汽在寒冷的机体表面直接凝华而成，形状与地面的霜相似。原来在寒冷的空域中飞行的飞机突然进入暖湿空气中就会有霜出现，但不久后机体增温，霜就会消失。

3．积冰的强度

在相同的积冰天气环境下，积冰的强度主要取决于飞机的类型、飞机的设计、飞行的高度、飞行的速度等因素。积冰的强度分为微量积冰、轻度积冰、中度积冰和严重积冰。

(1) 微量积冰　微量积冰是指冰层的生成速度略大于其升华速度，这种积冰没有明显危害，无须启动防冰除冰设备，也无须改变飞行高度或者航线，除非这种积冰的持续时间达到 1h 以上，将对飞行构成威胁。

(2) 轻度积冰　轻度积冰如果持续时间在 1h 以上，将对飞行构成威胁，因此需要间断地使用防冰除冰设备。如果需要在这种环境中长时间飞行，则必须改变飞行高度或改变飞行航线。

(3) 中度积冰　中度积冰只要持续很短时间就会对飞行造成威胁，因此必须使用防冰除冰设备。如果飞行时间略长，那么就要改变飞行高度或航线。

(4) 严重积冰　在严重积冰情况下，防冰除冰设备已经无法将冰层除去或防止冰层增加，需要立即改变飞行高度或航线。

4．影响积冰的因素

影响积冰强度的因素主要有以下三种。

(1) 云中过冷水滴含量和大小　过冷水滴越多，积冰越强；水滴越大，积冰越强。

(2) 飞机飞行速度　当机体表面温度低于 0℃ 时，飞行速度越高，单位时间碰到机体表面的过冷水滴越多，积冰强度越大。如果动力增温使机体表面温度升高到 0℃ 以上，则不继续积冰，而且已积的冰会融化。

(3) 飞机部位的曲率半径　飞机部位的曲率半径大，气流分离点远，碰上机体的过冷水滴少，积冰强度弱。

5．积冰的危害

飞机一旦发生积冰，它的气动性能就会变坏，积冰会破坏飞机的流线型，使正面阻力增大，升力和推力减小，使飞机重量增加，操纵困难，严重的时候会危及飞行安全，造成人员伤亡，因此各国都投入大量人力和物力研究气象设备和分析研究天气现象，杜绝因积冰引起的飞行事故。

拓展阅读

6·22 空难

2000 年 6 月 22 日下午 15 时左右，武汉航空公司一架从恩施至武汉的运七客机，在下降过程中，坠毁于武汉市汉阳区永丰乡，机组人员和乘客共 44 人全部遇难。武航空难客机坠地时将汉江南岸一泵船撞毁，当时在船上作业的 7 人全部遇难。这样，加上机上的 44 名死者，此次空难中共有 51 人死亡。

飞机坠毁后，岸边的一大片防浪林被撞倒，飞机的机翼和外壳散落在防浪林中。飞机机身残骸离汉江有 20m 左右的距离。从飞机失事地点判断，飞机当时可能想在汉江滩涂紧急迫降，但未能成功。出事时武汉市正在下大雨，湖北省气象局有关人员介绍，当日武汉遇到特殊天气，10min 内炸雷 451 次。而据民航有关人士称，武汉航空公司客机的失事原因可能是遇到了暴雨和风切变。此前，由于当地的这种不利于飞行的天气情况，从首都机场起飞飞往湖南、湖北的航班都被迫推迟。

巩固练习

1. 讨论空气密度对多旋翼无人机飞行会产生哪些影响。

2. 分析气压变化对无人机实际飞行高度与仪表显示的飞行高度的影响，并讨论相互之间的关系。

3. 多旋翼无人机在迎风坡与背风坡飞行时受到的影响是什么？

4. 讨论分析顺风切变与逆风切变对固定翼无人机起飞着陆的影响。

5. 在理想条件下，多旋翼无人机从海拔 50m 以 6m/s 的速度匀速向上爬升至平流层，分析期间输出功率的变化。

民航法规
和空中交通管制

第 **5** 章

学习目标

知识目标

1. 了解民航法规
2. 掌握空中交通管制
3. 掌握空域运行要求

能力目标

1. 能够遵守无人机法规和空中交通管制规定
2. 能够编制无人机飞行空域申报书
3. 能够编制无人机飞行计划申报书

素养目标

1. 具有规章意识，遵守相关的航空法规
2. 尊重生命，具有风险意识和安全意识
3. 具有精益求精的职业素质和工匠精神

问题引入

2017 年 4 月 14 日、17 日、18 日和 21 日，成都双流机场连续发生多起无人机"黑飞"，导致百余架次航班被迫备降或返航，超过万名旅客受阻滞留机场，经济损失以千万元计，对旅客造成的生命安全威胁和损失更是不容小觑。

无人机侵入机场、影响航班安全的事件时有发生，出于安全因素的考虑，相关部门出台相应的管理文件对无人机飞行进行监管。那么有关部门的无人机监管法规有哪些呢？如何对无人机进行空中交通管制？无人机运营者如何申报空域？飞行前如何申请飞行计划？如何才能做到合法飞行、安全飞行？本章将对这些问题进行讲解。

知识讲授

5.1 民航法规

《中华人民共和国民用航空法》是为了维护国家的领空主权和民用航空权利，保障民用航空活动安全和有秩序地进行，保护民用航空活动当事人各方的合法权益，促进民用航空事业的发展而制定的法律。同时，相关主管部门也制定了《民用机场管理条例》《民用无人机驾驶员管理规定》《轻小无人机运行规定（试行）》《民用无人驾驶航空器实名制登记管理规定》《民用无人驾驶航空器系统空中交通管理办法》，具体内容请参考附录。

5.2 空中交通管制

5.2.1 空中交通管制基本概念

在浩瀚无垠的天空，飞机似乎可以不受约束地随意飞行，想往哪里飞就往哪里飞。其实并不是如此：就像车辆在地面上行驶必须遵守交通规则、接受警察和红绿灯的指挥一样，飞机在天上飞行也必须遵守空中交通规则，也要受到专门机构的指挥与调度，这就是空中交通管制（Air Traffic Control）。它利用通信、导航技术和监控手段对飞机飞行活动进行监视和控制，保证飞行安全和有秩序飞行。在飞行航线的空域划分不同的管理空域，包括航路、飞行情报管理区、进近管理区、塔台管理区、等待空域管理区等，并按管理区的不同使用不同的雷达设备对飞机进行管制。空中交通管制系统如图 5-1 所示。在管理空域内进行间隔划分，飞机间的水平和垂直方向间隔构成空中交通管理的基础。由导航设备、雷达系统、二次雷达、通信设备、地面控制中心组成空中交通管制系统，完成监视、识别、导引覆盖区域内的飞机的任务。根据国际民航组织的规定，空中交通管制的主要任务是防止飞机在空中相撞，防止飞机同障碍物相撞，保证空中交通无阻和有序。随着科学技术的进步，空中交通管制方式也日益先进。20 世纪 50 年代以前主要采用位置报告的程序管制方式。20 世纪 50 年代引入一次和二次监视雷达，采用雷达管制方式。20 世纪 60 年代后引入计算机技术，使空中交通管制方式自动化。

航空器飞行限制因素和影响、制约航空器飞行的各种因素包括：

1）航空器性能的限制：不同型号的飞机有不同的商务载重、起降条件、巡航时速等。20 世纪 50 年代以前的客机不能飞往西藏高原，而现在有多型飞机能在高原机场起降。

2）气象条件的限制：不同类型的航空器有不同的飞行气象标准，绝对的"全天候飞机"是不存在的。

3）不同性质的飞行任务的限制：运输机要求在相对固定的高度层飞行，并且不同型号的飞机有不同的最佳飞行高度层。农业飞机喷洒农药时要求在低空飞行，一般情况下飞得越低喷洒效果越好。

4）时间的限制：为了防止飞机在天空中出现接近或相撞的危险，既要在空间垂直方向和水平方向保持高度差和距离，同时也要在时间上合理调配次序，拉开时间间隔。

5）地理环境的限制：如山峰、高压电塔、电视塔等突出物都对飞行有影响，飞行规则对此有种种限制。还有，重要城市市区、军事要地空域被列为"空中禁区"，不准飞入。

6）地面保障设施的限制：为安全可靠地完成飞行任务，地面保障设施有通信和导航、雷达、气象、航行指挥、搜索和救援等设施，一旦这些设施不完备或出现故障，就会对飞行活动形成限制。

7）地面对空活动的限制：如对空射击靶场有活动的地区空域，禁止飞机飞入。

总之，航空器是在有限的空间、有限的时间和有限的条件下起飞、降落和飞行的。由于航空器的飞行受诸多因素的限制和影响，人们通过实践以及总结飞行事故的痛苦教训，逐步形成了管理空中飞行的规章制度和组织，即空中交通管制。

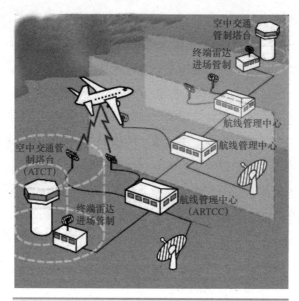

图 5-1　空中交通管制系统

5.2.2　空中交通管制部门

1. 管制分类

空中交通管制可分为以下几种：

一般空中交通管制，适用于整个国土上空。

特别空中交通管制，适合于边境地区、通过国界的空中走廊和某些特殊地区上空。

临时空中交通管制，适合于演习、飞行检阅和航天器发射场区上空。

地方空中交通管制，适合于某些地方航线和经过该地区航线的管制。

为了维持飞行秩序，保证飞行安全，空中交通管制部门要划定航线，防止各类飞机在空中相撞或与地面障碍物（如山头、高层建筑物等）相撞等事故发生。飞机从起飞到降落，一直处在空中交通管制之下，应严格按预定时间、航线、高度、速度飞行，受机场空域管制中心、沿途航路管制中心和终点机场空域管制中心的指挥与调度。

2. 管制部门

一般设置航路交通管制中心、进近管制室和飞机场管制塔台等管制部门。

航路交通管制中心也称区域管制，对所管制的飞机沿航路和在空域其他部分飞行时进行引导和监视。每一个区域管制中心均有一个明确的地理区域，对所管辖的地理区域分为若干扇区。如果备有雷达设备，这一雷达须能探测整个扇区，并能监视扇区内飞机间的间隔。飞机机组和管制员之间的联系用无线电话。在标明本中心的管制区域界限的边界点上，飞机被交给相邻的航路交通管制中心或进近管制室管控。

进近管制室管制飞机场管制塔台的边界至距离飞机场 50 ～ 100km 范围，其从航路交通管制中心把飞机接管过来，并将其引导到所管辖飞机场中的一个飞机场。其在提供这样的引导时，要按顺序安排好飞机，使它们均匀地和有秩序地飞往目的地。进近管制室对所管辖的区域也分为若干个扇区。当飞机飞向或飞离飞机场大约 10km 时，进近管制室将到达的飞机"交给"飞机场管制塔台；或飞机场管制塔台将飞离的飞机"交给"进近管制室。当进近管制设有雷达时，称为"航站雷达进近管制（TRACON）"。

飞机场管制塔台对飞机场上和在所规定的飞机场区空域内起飞和降落的飞机进行管制，向机组提供关于风、气温、气压等气象要素和飞机场上有关飞行的情报以及管制在地面上除停放场地外所有的飞机。

航路交通管制中心和进近管制室可以设在飞机场的航管楼内，也可以设在飞机场外。飞机场管制塔台有的是独立建筑，有的建在航管楼的顶层。小型飞机场一般将进近管制的任务并在飞机场管制塔台内，不单建进近管制室。飞机场管制塔台应布置在便于观看升降带内飞机起飞和降落的地方，最好设在跑道中部附近，结合航站区的规划布置，并服从飞机场的总体规划。

5.3 空域知识及运行要求

5.3.1 空域基本知识

1. 国际民航组织空域的分类

划分空域的核心是：要在可以接受的安全范围内，为在此空域内运行的航空器提供最大限度的灵活性、机动性，即在高密度、高速运行的空域内，要为航空器提供最大的间隔，并对其实施主动管制。

划分空域的目的是满足公共运输航空、通用航空和军事航空三类主要空域用户对不同空域的使用需求，确保空域得到安全、合理、充分、有效的利用。空域划分是复杂的系统性标准，包括对空域内运行的人员、设备、服务、管理的综合要求。国际民航组织（International Civil Aviation Organization，ICAO）标准中把空域分为七类，分别为 A、B、C、D、E、F、G。

1）A 类空域只允许 IFR 飞行，所有航空器之间配备间隔，提供 ATC 服务，要求实现地空双向通信，进入空域要进行 ATC 许可。

2）B 类空域允许 IFR 和 VFR 飞行，其他同 A 类。

3）C 类空域只要求 IFR 飞行之间、IFR 和 VFR 飞行之间配备间隔，对 IFR 飞行之间、IFR 和 VFR 飞行之间提供 ATC 服务，其他同 B 类。

4）D 类空域只要求 IFR 飞行之间配备间隔，对 IFR 飞行之间提供 ATC 服务，对 VFR 飞行提供飞行情报服务，其他同 C 类。

5）E 类空域只需要 IFR 飞行实现地空双向通信，VFR 飞行进入空域不需要 ATC 许可，其他同 D 类。

6）F 类空域对 IFR 飞行提供交通资讯和情报服务，为 VFR 飞行提供飞行情报服务，所有航空器进入空域都不需要 ATC 许可，其他同 E 类。

7）G 类空域不需要提供间隔服务，对飞行提供飞行情报服务，只需要 IFR 飞行实现地空双向通信，进入空域不需要 ATC 许可，其他同 F 类。

由 A 类到 G 类空域的限制等级逐渐递减。

IFR（Instrument Flight Rules，仪表飞行规则）一般用于高空飞行和恶劣天气情况下飞行。

VFR（Visual Flight Rules，目视飞行规则）与 IFR 相对，在 IFR 不可用时使用，如自动驾驶仪损坏时。多数小型飞机如上都没有 IFR 设备，而是使用 VFR。干线飞机都按 IFR 飞行。

2. 国际空域的类型

1）情报区：ICAO 在有关的文件、公约中承认每个主权国家对境内的空域拥有主权，ICAO 也在有关的文件、公约中强调提供空中变通服务应更多地取决于航行的需要。因此，在绝大多数情况下，ATS 服务的提供与其疆域是一致的。也有一些情况例外，如在公海上空的空域服务则由具有实力并可承担此责任的国家或地区承担。在此需要强调的是，受权国无权将本国的规章强加于有关的航空器，大家共同遭守的是 ICAO 的附件和有关的地区协议，上述空域就是一种飞行情报区（简称情报区）。另外一种情报区就是每个国家根据本国的实际情况（如无线电的覆盖范围、行政大区的确定、人员的配备管理方法）划分为若干个情报区，在本区的服务可由飞行情报中心提供，也可以由区域管制中心提供。我国属于后一种情况，划设了 11 个飞行情报区。

2）管制区：就是为在本区内的飞行提供空中交通管制服务，当然根据不同的空域类型，服务可有所不同。每个管制区的确定也取决于无线电的覆盖范围、地理边界、配备的人员、设施及管理的手段等。根据飞行量、空域的结构、活动的构成等，在垂直方向可划分为高空、中低空管制区，在水平方向可划分为多个管制区或多个扇区。

3）咨询区：介于情报区和管制区之间的一种临时性的、过渡性区域。筹建咨询区便于未来在人员的选拔、培训、设备（设施）的添置等满足要求时再平稳地过渡到能提供更多、更及时服务的管制区。我国目前未设立此类型区域。

3. 我国空域的类型

我国空域可分为危险区、限制区、禁止区、放油区、预留区等。

1）危险区：可以由每个主权国家根据需要在陆地或领海上空建立，也可以在无明确主权的地区建立。危险区在所有限制性空域中约束、限制最少。被允许在其内运行的飞机会受到保护，其他航空器的运行则可能会受到影响。基于此，有关国家应在其正式的文件、通告中发布该区建立的时间、原因、持续的长短，以便于其他飞行员做决策。ICAO规定，在公海区域只能建立危险区，因为谁也无权对公海飞行施加更多的限制。在美国，此区域被建立在了国际水域上空，当该区域建立所依赖的条件不存在时，即行撤销。我国在航图上以D表示危险区。

2）限制区：限制、约束等级较危险区高，又比禁止区低的一种空域。在该空域内飞行并非是绝对禁止的，而是否有危险，已不能仅仅取决于飞行员自身的判别和推测。此种类型的空域的建立一般不是长期的，所以最重要的是要让有关各方知道，该区何时开始生效，何时将停止存在，赖以建立的条件、原因是否依然。与该区建立相关的活动包括空中靶场、高能激光试验、导弹试验。有些限制区的生效时间持续24h，有些仅作用于某些时段，其他时段对飞行无任何影响。美国FAA规定，一旦限制区生效，有关管制机构应该被通知，正式的ATC机场才可发布许可指挥IFR飞行远离该区，VFR飞行可以获得来自ATC方面的导航帮助，但是飞行员必须自行保持与限制区间的间隔，一旦限制区不再生效，有关的管理机构应通知ATC，然后才可允许IFR、VFR在该区域内的飞行。该区可在VFR、IFR航图上用R字母加以标注。

3）禁止区：被划分为永久性和临时性禁止区两种。禁止区是在各种类型的空域中限制、约束等级最高的，一旦建立，任何飞行活动均被禁止，除非有特别紧急的情况。禁止区主要用来保护关系到国家利益的重要设施、核设施、化学武器生产基地、某些敏感区域。这些区域不仅本身很重要，而且当发生事故波及上述目标后，又将产生极大的危害，所以禁止区的建立各国都比较慎重，常以醒目的P在航图上加以标注。

4）放油区：围绕大型机场建立的供飞机在起飞后由于种种原因不能继续飞行，返回原起飞机场又不能以起飞全重着陆时而划定的一片区域。设计该区域的主要目的是放掉多余燃油，使飞机着陆时不超过最大允许着陆重量，对飞机不造成结构性损伤，大大减少其他可能发生的事故。放油区一般规划在远离城市的地带。

5）预留区：一般分为两种，参照地面位置不动的空域为固定性预留区，位置移动的空域为活动性预留区。前者往往涉及一些飞行活动，如军事训练、飞行表演等；后者往往涉及空中加油、航路编队飞行等。无论是哪种情况，在预留区的外围均应建立缓冲区，以便于 ATS 机构能有足够的余量保证其他飞行的安全。无论是何种预留区，使用的时间均有长有短，但是当预留区建立时相关飞行活动结束后，该区也应撤销。预留区的建立也应和 ATS 机构有良好的协调，以使得 ATS 机构可以从程序及其他方面对该区的建设予以保障。

5.3.2 空域运行要求

1. 概况

目前我国民用无人驾驶航空器系统使用的空域分为融合空域和隔离空域。融合空域是指有其他载人航空器同时运行的空域。隔离空域是指专门分配给无人驾驶航空器运行的空域，通过限制其他载人航空器的进入来规避碰撞风险。

2. 申报飞行空域

申报飞行空域原则上与其他空域水平间隔不小于 20km，垂直间隔不小于 2km。一般需提前 7 日提交申请并提交下列文件：

1）国籍标志和登记标志。

2）驾驶员相应的资质证书。

3）飞行器性能数据和三视图。

4）可靠的通信保障方案。

5）特殊情况处置预案。

3. 申报飞行计划

无论是在融合空域还是在隔离空域实施飞行，都要预先申报飞行计划，经过相应部门批准后方能执行飞行。飞行计划申报应于北京时间前一日 15：00 前向所使用空域的管制部门提交飞行计划，包含下列基本内容：

1）飞行单位、任务、预计开始飞行与结束时间。

2）驾驶员姓名、代号（呼号）。

3）型别与架数。

4）起飞、降落地和备降地。

5）飞行气象条件。

6）巡航速度、飞行高度和飞行范围。

7）其他特殊保障需求。

4. 紧急飞行计划的申报

执行紧急救护、抢险救灾或者其他紧急任务时，最迟应在飞行前 1h 提出飞行计划申请。

拓展阅读

无人机扰航

2021 年 2 月 18 日，青海西宁曹家堡国际机场发生无人机干扰航班事件，造成当日部分航班备降、晚点，大量旅客滞留。事件发生后，机场公安分局立即成立专案组，以涉嫌危险方式危害公共安全罪开展立案侦查。最终，机场公安分局历经 32 天的缜密侦查，抓获违法嫌疑人 10 名，其中治安拘留 6 人、治安罚款 2 人、移交其他部门处理 2 人，查扣收缴无人机 10 架，严厉打击了在西宁曹家堡国际机场净空区无人机"黑飞"违法行为，有效维护了西宁曹家堡国际机场空防安全。

巩固练习

1. 讨论非法飞行无人机对社会造成的威胁。

2. 当起飞质量为 45kg 的无人机在 800m 高空非机场空域作业时，需要向哪个部门申请空域，并向哪些部门进行报备？

3. 请查找资料做出自己所在省份的无人机作业空域报备及审批流程图。

无人机
应用

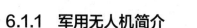

学习目标

知识目标

1. 了解无人机在军用领域的应用
2. 掌握无人机在民用领域的应用

能力目标

1. 能够分析军用无人机在各种场景中的具体应用
2. 能够分析民用无人机在各种场景中的具体应用

素养目标

1. 践行社会主义核心价值观，具有深厚的爱国情感
2. 具有创新意识、创新思维和创新精神
3. 具备严谨、细心、全面、追求高效、精益求精的职业素质和工匠精神

问题引入

2015 年 8 月 12 日 23:30 左右，天津塘沽发生大爆炸，由于浓烟和二次爆炸的危险，救援指挥部迅速派出两架无人机对爆炸地点和周边进行 360° 的全景图绘制和寻找生还者，为现场指挥部决策提供有力依据。由此可见无人机在民用各领域的运用极为广阔，具有良好的发展前景。

那么无人机具体在哪些领域得到应用呢？无人机在军用领域和民用领域具体的应用场景又有哪些呢？本章将对这些问题进行讲解。

知识讲授

6.1 军事领域的应用

6.1.1 军用无人机简介

军用无人机主要由飞行平台（固定翼、直升机）、导航飞控、任务载荷三部分组成。目前军用无人机以固定翼无人机为主，如图 6-1 所示。军用无人机任务设备可分为三类：

第一类是光电侦察设备，第二类是无人机用雷达，第三类是电子战设备。军用无人机安装的主要光电侦察设备有高分辨率面阵 CCD 电视摄像机、前视红外仪、红外行扫仪、激光测距/目标指示器、全景照相机/画幅式照相机（属光学侦察仪器）等；军用无人机安装的雷达主要有运动目标指示雷达、合成孔径雷达和小型激光雷达；军用无人机携带的电子战设备一般用于电子侦察、电子干扰、发送信号情报等。

图 6-1　军用无人机

6.1.2　军用无人机应用

在未来战争中，高、中、低空和远、中、近程等各类型军用无人机将分别执行侦察预警、跟踪定位、特种作战、中继通信、精确制导、信息对抗、战场搜救、后勤保障等各类战略和战术任务，以后其军事运用范围和领域必将不断扩大和拓展。

1. 侦察预警

侦察无人机通过安装光电、雷达等各种传感器，实现全天候的综合侦察能力，侦察方式高效多样，可以在战场上空进行高速信息扫描，也可低速飞行或者悬停侦察，为部队提供实时情报支持。无人机可深入敌方腹地，尽量靠近敌方信号辐射源，可截获战场上重要的小功率近距通信信号，优势特别明显。高空长航时战略侦察无人机从侦察目标上空掠过，可替代卫星的部分功能来执行高空侦察任务，凭借高分辨率照相设备拍摄清晰的地面图片，具有重要的战略意义。便携式无人机可满足部队连排级战场监视、目标侦察、毁伤评估等战术任务。

2. 特种作战

无人机可携带多种精确攻击武器，对地面、海上目标实施攻击，或携带空空导弹进行空战，还可以进行反导拦截。作战无人机携带作战单元，发现重要目标可进行实时攻击，实现"察打结合"，减少人员伤亡并提高部队攻击能力。作战无人机能够预先靠前部署，拦截处于助推段的战术导弹，作为要地防空时可在较远距离上摧毁来袭导弹。攻击型反辐射无人机携带有小型和大威力的精确制导武器、激光武器或反辐射导弹，可对雷达、通信指挥设备等实施攻击；战术攻击无人机在部分作战领域可以代替导弹，采取自杀式攻击方式对敌实施一次性攻击；主战攻击无人机体积大、速度快，可对地攻击和空战，攻击、拦截地面和空中目标，是实现全球快速打击能力的重要手段。

3．信息对抗

由于具有特有的优势，在战场上无人机可以在恶劣环境下随时起飞，针对激光制导、微波通信、指挥网络、复杂电磁环境等光电信息实施对抗，有效阻断敌方装备的攻击、指挥和侦察能力，提高己方信息作战效率。电子对抗无人机对指挥通信系统、地面雷达和各种电子设备可实施侦察与干扰，支援各种攻击机和轰炸机作战；诱饵无人机携带雷达回波增强器或红外模拟器，可模拟空中目标，欺骗敌方雷达和导弹，诱使敌方雷达等电子侦察设备开机，引诱敌防空兵器射击，掩护己方机群突防；无人机还可以通过抛撒宣传品、对敌方战场喊话等手段实施心理战。

4．中继通信

在未来战争中，通信系统是战场指挥控制的生命线，同时也是敌对双方攻击的重点。无人机通信网络可以建立强大的冗余备份通信链路，提高生存能力，遭到攻击后，替补通信网络能够快速恢复，在网络中心战中发挥着不可替代的作用。高空长航时无人机扩展了通信距离，利用卫星提供备选链路，可直接与陆基终端连接，降低实体攻击和噪声干扰的威胁。作战通信无人机采用多种数传系统，各作战单元之间采用视距内模拟数传系统，与卫星之间采用超视距通信中继系统，可高速实时传输图像、数据等信息。

5．后勤保障

随着无人机技术的发展，其任务领域也不断拓展。近年来美国军方开始探讨使用无人机担负物资运输、燃油补给甚至伤病员后送等后勤保障任务。无人机在承担这类任务时，除了具备不受复杂地形环境影响、速度快、可规避地面敌人伏击等优势外，还具有成本低、操作使用简便等特点。

6.2 民用领域的应用

6.2.1 在植保领域的应用

1．植保无人机简介

植保无人机又称为无人飞行器，是用于农林植物保护作业的无人驾驶飞机。该型无人机由飞行平台（固定翼、直升机、多轴飞行器）、导航飞控、喷洒机构三部分组成。通常在植保无人机下部安装有任务载荷（包括储药箱、农药喷杆、喷头、药管、药管快拆连接头、水泵以及置于中心板上的水泵电源降压模块等），通过地面遥控或导航飞控，来实现喷洒作业，可以喷洒药剂、种子、粉剂等。

我国的农药利用率仅为20%，大部分都流失在环境中，造成环境污染、资源浪费，因此亟须先进的施药技术和施药器械。

从国外的农业发展来看，使用飞机进行航空施药是目前较为高效的施药手段。航空施药可以及时有效地控制大面积病虫害的发生，与地面喷雾相比，具有工作效率高、不受地形因素的限制、施药均匀且穿透性好等优点。同时，施药时人机分离，能够降低药剂对人的影响，飞机产生的下旋气流可有效减少药剂的漂移，减少对环境的危害。

基于上述航空施药的优点以及我国国土面积广阔、地形复杂和种植模式多样化等因素，航空施药的使用更符合我国当下的国情，因而具有推广使用的潜在价值。

2. 植保无人机应用

无人机在农业中有多种用途，包括对病虫害的勘测评定、对病虫害进行航空施药防治以及森林火情观察等。无人机可以适应不同的工作环境，工作效率高，一些高危险或人类活动难以到达的地方，无人机都可以解决。在病虫害勘测方面，结合先进的传感器对病虫害进行准确评价，利用计算机对数据进行处理，可以获得最佳的防治策略；在森林火情观察方面，无人机具有较远的视野和准确的探测能力；在航空施药方面，无人机能够适应不同的施药环境，作业效率高，不受作物长势限制，适应性广，用药量少，有利于节省药液，保护环境。

（1）无人机在玉米种植中的应用

玉米作为食品原料、畜禽饲料和工业原料，有较高的使用价值和经济价值。我国玉米产区遍布全国，据有关部门统计，玉米已成为我国第一大粮食作物。由于气候改变等原因，玉米病虫害高发。使用无人机可以对玉米的病虫害及自然灾害进行有效的监测。此外，无人机施药还解决了玉米田施药难的问题，具有较广阔的发展前景。

植保无人机给玉米作业如图 6-2 所示。目前利用无人直升机或多旋翼无人机施药防治玉米螟已经取得了非常好的效果。航空植保施药很好地解决了玉米田施药问题，玉米受病虫害影响显著降低，成为保证玉米优质、高产、稳产最直接有效的方法之一。

图 6-2　植保无人机给玉米作业

（2）无人机在水稻种植中的应用

水稻是我国种植面积第二的粮食作物。随着水稻种植的产业化，药械的开发成为制约水稻病虫害防治的新问题。由于在水稻生长过程中陆地机械难以下田作业，常规喷雾劳动强度大,且难以到达水稻中下部,作业效率低,对施药人员和环境也易造成伤害。鉴于此,植保无人机凭借用药量少、精准作业、劳动强度低等优点受到欢迎,可达到对水稻病虫害机械化、专业化、一体化防治。

植保无人机给水稻作业如图 6-3 所示。航空喷雾可以适用于水稻生长期的各个阶段。无人机在 3m 高度下施药的效果最好,药效最高,与传统的担架式喷雾机相比,其效果更优。而且小型无人机体积小,灵活性高,地形适应性好,即使在丘陵地带也能发挥其作用。在水稻生长生理及病虫害状态监测方面,无人机也发挥了重要作用。

此外,近年来利用无人机对水稻进行授粉研究比较活跃。为提高杂交水稻机械化种植效率,利用无人机授粉时水稻冠层旋翼风场的分布规律,采用多旋翼无人机对水稻授粉,在飞行速度为 1.56m/s、负载质量为 14.05kg 和飞行高度为 1.93m 时具有较好的授粉效果。通过无人机水稻授粉实验发现,相对人工授粉,无人机授粉的工作效率高、对植物的损害小,在水稻育种方面具有不错的发展潜力。

图 6-3　植保无人机给水稻作业

（3）无人机在小麦种植中的应用

我国小麦产量和消费量约占全国粮食总量的 25%,随着人口的增加和消费水平的提高,预计小麦消费量将会继续增加。近半个世纪以来,小麦在育种、繁种、推广、生产等方面发展较快,但面对集约化种植、劳动力资源匮乏的变化趋势,病虫害防治方面显得不尽如人意,严重影响小麦的产量和品质。

在小麦生长和病虫害监测上,无人机起了关键作用。和玉米、水稻相似,无人机能够根据小麦的生长状况判断小麦氮素的供求状况,对氮素缺乏的区域可进行精准施肥,以降低资源的浪费和对环境的污染。

无人机遥感技术可用于获取小麦的育种信息。以多载荷无人机遥感为平台的小麦育种信息获取系统,集成多光谱仪、高清数码照相机、热像仪等多种传感器,建立无地面控制点条件下的无人机遥感数据几何校正模型,可实现多载荷遥感数据的几何校正。该系统能够准确获取叶面积指数、作物倒伏面积、产量及冠层温度等育种关键表型参量,为研究小麦育种表型与基因型关联规律提供辅助支持。此外,在小麦病害的调查中也有无人机的应用，使用无人机数字图像与高光谱数据融合技术调查小麦全蚀病的发病情况，并对其进行分级；也可以使用无人机遥感技术对小麦条锈病进行监测。

使用旋翼无人机施药相对于常规地面施药具有较好的田间防治效果，具有推广价值。在冬小麦田应用植保无人机开展化学除草，试验结果表明无人机施药具有较好的除草效果，有效控制了麦田杂草危害且对小麦生长安全。利用多旋翼无人机探究对纹枯病、白粉病和赤霉病的防治效果，发现无人机能够显著提高喷雾效率，并且防效优于传统施药设备。小麦锈病和蚜虫也严重危害小麦，影响小麦产量，无人机在病虫害防治效率上更有优势，具有施药快、便于操作、节约防治成本等优点。

目前，无人机在小麦病虫害防治中展现了独特的优势，在小麦施药过程中也越来越普遍，尤其是在"一喷三防"技术指导下，利用无人机对小麦进行大规模喷药作业，每亩麦田完成作业只需 2min，极大地提高了作业效率。

（4）无人机在棉花种植中的应用

我国是全球棉花生产和消费大国，但近年来棉花生产面临着诸多的问题，棉花生产依赖人工，机械化水平低，大型植保器械伤害棉株和果实，病虫害防治效果差，植保技术落后。而无人机施药效率高，低空作业灵活，喷防精准，可大大降低劳动强度，为棉花生产机械化开辟新道路。

棉花使用无人机施药主要集中在蚜虫防治和喷洒生长调节剂。使用多旋翼植保无人机低空喷洒农药防治棉蚜已经取得了较好的防治效果，继续添加喷雾助剂可以进一步减少用药量。

使用多旋翼植保无人机低空低容量喷雾与常规喷雾进行对比，结果表明，相对常规喷雾，植保无人机的工作效率高、防治成本低、防治效果好，省工、省力、节约用水量。用大疆植保无人机喷施棉花脱叶剂的试验表明植保无人机一次施药达到了与常规喷雾二次施药相同的脱叶效果。总之，用植保无人机对棉花施药具有良好的应用前景。

（5）无人机在林业中的应用

1）森林资源调查和荒漠化监测。无人机可携带高清摄像机和相关遥感设备，实施高空实时拍摄作业，进行森林资源调查、荒漠化监察。由于无人机高空飞行可拓宽地面巡视视角，大大提高了工作效率，利于统观大局。

2）森林病害虫监测及其防治。近年来，因气候及人为因素造成林业中有害生物发生频率增高、发生程度增强、发生面积增加，危险性林业有害生物种类增多的情况。较之以往人工喷洒农药的方式，通过无人机喷洒药物、监测，能有效提升林业有害生物监测预警、检疫御灾、防治减灾水平，有效预防和控制了林业有害生物灾害的严重发生。

3）森林火灾监测和动态管理。无人机作为现有林业监测手段的有力补充，早已显示出其他方法无法比拟的优越性，在林业火灾的监测、预防、扑救、灾后评估等方面得到了国际林业的认可。无人机是以监测为主，将 GPS 技术、数字图像传输技术等高新技术综合应用于森林资源管理中的高科技产品，可解决目前林区森林防火瞭望和地面巡护无法顾及的偏远林火的早期发现问题。

4）火灾救援。在森林火灾发生时，火场上空能见度极低，即使航护飞机能到达火场上空，观察员也无法详细观察地面火场情况。无人机能够克服航护飞机的这一不足，通过搭载摄像设备和影像传输设备，可随时执行火警侦察和火场探测任务。地面人员通过接收来自无人机的微波信号，可随时掌握火场动态信息。无人机可以全天候地在空中对林区进行勘查，及时发现火情、报告火场位置、采取行动将火灾消灭在初期；实现对重大森林火灾现场的各种动态信息进行准确把握和及时了解，解决了飞机巡护无法夜航、烟雾造成能见度降低无法飞行等问题。

5）人工增雨。无人机系统可用于人工增雨，其以使用简便，机动性好，便于投放，又没有人员安全的风险等特点而见长，因此特别适合森林防火作业中的人工增雨。无人机共可携带 10 枚增雨焰条，通过挂架挂载在机腹与起落架中间。飞行中点燃某枚焰条由地面遥控控制，并通过遥测信息显示焰条的状态。每次可根据情况同时点燃多枚焰条。根据无人机人工增雨作业投放碘化银数量与作业区域的关系，10 枚增雨焰条的碘化银含量即可满足 $100km^2$ 的人工增雨作业区域要求。

6.2.2　在航拍领域的应用

1. 航拍无人机简介

航拍是指从空中拍摄地球地貌，获得俯视图。航拍无人机由飞行平台、导航飞控、任务载荷三部分组成。航拍无人机的任务载荷有云台、照相机和图像传输系统等。

航拍无人机如图 6-4 所示。在航拍无人机中，所有的部件可以说都是围绕着照相机工作的，而照相机的稳定性直接决定了拍摄出的图片和视频的质量高低。

图 6-4　航拍无人机

云台是连接照相机和无人机机身的关键部件。在无人机飞行时，由于螺旋桨的高速转动，难免产生高频振动，同时无人机的快速移动也会使得照相机随之运动。如果没有一定的补偿和增稳措施，那么无人机拍摄的画面将难以稳定和平滑，因此云台在无人机航拍过程中起到了非常重要的作用。

图传指的是视频传输装置，作用是将无人机在空中拍摄的画面实时传输至操控手的显示设备上。图传主要由发射端、接收端和显示器三部分组成。

2. 航拍无人机应用

(1) 街景拍摄　利用携带摄像机装置的无人机，开展大规模航拍，实现空中俯瞰的效果。其拍摄的街景图片不仅有鸟瞰世界的视角，还带有些许艺术气息。在常年云遮雾罩的地区，遥感卫星受限的时候，无人机便可发挥重要作用。

(2) 交通监视　无人机参与城市交通管理能够发挥其专长和优势，进行实况监视、交通流的调控，构建水陆空立体交管，实现区域管控，帮助城市交通管理部门解决大中城市交通顽疾，确保城市交通发展规划贯彻落实。此外，还可应对突发交通事件，实施紧急救援。

(3) 影视航拍　无人机航拍作为现在影视界重要的拍摄方式之一，与传统飞行航拍方式相比较更为经济、安全、便于操控。因此，无人机航拍受到了影视创作与技术人员的热捧。近年来，应用无人机航拍制作的影视作品层出不穷，专题片、影视剧、广告宣传片、音乐电视等都可采用无人机完成航拍作业，并且取得了令人瞩目的社会与经济效益。

(4) 婚纱摄影　随着时代的进步和经济条件的改善，婚礼的规模和标准不断提高，一场浪漫的婚纱摄影少不了航拍镜头。航拍镜头可以宏观上展示婚礼的场面，给人震撼的感受。

6.2.3　在航测领域的应用

1. 航测无人机简介

无人机可以机载多种遥感设备来获取信息，并通过相应的软件对所获取的图像信息进行处理，按照一定精度要求制作成图像。

航测无人机如图6-5所示。无人机低空航测系统一般由地面系统、飞行平台、影像获取系统、数据处理系统四部分组成。地面系统包括用于作业指挥、后勤保障的车辆等；飞行平台包括无人机、维护系统、通信系统等；影像获取系统包括电源、GPS程控导航与航摄管理系统、数字航空摄影仪、云台、控制与记录系统等；数据处理系统包括空三测量、正影纠正、立体绘图等。

测绘无人机以低成本、机动灵活、方便运输的特性，用大范围、高精度、高清晰的方式全面感知复杂场景，以高效的数据采集设备及专业的数据处理流程来生成三维数据成果，可以直观地反映地物的外观、位置、高度等属性，为真实效果和测绘级精度提供保证。

图 6-5　航测无人机

2. 航测无人机应用

无人机航测的应用领域覆盖面很广，目前主要在以下几个场景中应用。

（1）国土测绘　无人机测绘凭借其机动灵活等特点，在国土测绘领域发挥着重要作用。通过快速获取测绘无人机航摄数据，能够快速掌握测区的详细情况，应用于国土资源动态监测与调查、土地利用和覆盖图更新、土地利用动态变化监测、特征信息分析等，高分辨率的航空影像还可应用于区域规划等。

（2）应急救灾　无人机在测绘领域受到重视，是从应急救灾开始的。在多次地震、泥石流、水灾中，测绘无人机都在第一时间到达了现场，并充分发挥机动灵活的特点，获取灾区的影像数据，为救灾部署和灾后重建工作的开展，都起到了重要作用。

（3）选线设计　遥感无人机可应用于电力选线、公路选线、铁路选线，能够根据项目需求，快速获取线状无人机航空影像，为选线提供设计数据。此外，遥感无人机还可以针对石油、天然气管道进行选线设计和全方位的监测，厘米级的航空影像和高清视频能够协助进行安全监测与管理，同时利用管道压力数据结合影像发现管道渗漏、偷盗等现象。

（4）环境监测　无人机高效快速获取高分辨率航空影像的特点使其能够及时地对环境污染进行监测，尤其是排污污染方面。此外，海洋监测、溢油监测、水质监测、湿地监测、固体污染物监测、海岸带监测、植被生态等方面都可以借助遥感无人机拍摄的航空影像或视频数据实施。其中，水质调查监测、污染物监测、大气环境监测、固态废物检测、秸秆禁烧监测是主要的应用方向。

6.2.4　在电力巡线领域的应用

1. 电力巡线无人机简介

电力巡线无人机由飞行平台、导航飞控、任务载荷三部分组成，其中任务载荷主要有高清数码摄像机和照相机、雷达以及 GPS 定位系统等。

　　无人机电力巡检作业如图 6-6 所示。相比传统电力巡检方式，它可以在作业难度较大的崇山峻岭和深山老林、江河湖泊之间轻松实现作业，不仅更加高效和安全，在作业精度上，也逐渐实现了与专业摄像机相当的精度效果，那些用人工很难发现的线路受损部分，通过无人机空中巡视，可以清楚地进行研判。

图 6-6　无人机电力巡检作业

2. 电力巡线无人机应用

　　装配有高清数码摄像机和照相机以及 GPS 定位系统的无人机，可沿电网进行定位自主巡航，实时传送拍摄影像，监控人员可在计算机上同步收看与操控。

　　采用传统的人工电力巡线方式，条件艰苦，效率低。无人机实现了电子化、信息化、智能化巡检，提高了电力线路巡检的工作效率、应急抢险水平和供电可靠率。而在山洪暴发、地震灾害等紧急情况下，无人机可对线路的潜在危险，诸如塔基陷落等问题进行勘测与紧急排查，丝毫不受路面状况影响，既免去了攀爬杆塔之苦，又能勘测到人眼的视觉死角，对于迅速恢复供电很有帮助。

6.2.5　在警用消防领域的应用

1. 警用消防无人机简介

扫码看视频

　　目前，警用无人机已经在反恐监控、突发事件调查、防暴搜捕、聚众驱散、大型聚会监控、紧急救援、交通管理等领域应用。警用无人机有效地解决了此前一些警务工作中难以完成的任务，在应急处突、大型活动安保、群体性事件处置以及侦查搜捕、应急防控等任务中发挥出了良好的社会效益和经济效益。

　　警用无人机如图 6-7 所示。警用无人机系统一般由无人机、高清摄像机、无线喊话器等模块组成。

　　警用无人机具有隐蔽能力好、安全可靠性高、现场展开能力快速以及多样化、多手段、通用性强等特点。

图 6-7　警用无人机

　　2. 警用消防无人机应用

　　(1) 应急处突　当前各类重大突发事件频发，对公安部门的应急处置能力提出了更高要求。在处置过程中，面对通信不畅、交通受阻等复杂条件，能否迅速、全面、准确地获取现场情况是进行分析研判及展开针对行动的前提。通过无人机空中监控，能够迅速开展大范围的现场观察，具有实时监控人员聚集、流向等明显优势。同时，无人机通过挂载高空喊话器、催泪瓦斯发射器等装置，可对现场聚集人员进行有效处置。无人机应急处突如图 6-8 所示。

图 6-8　无人机应急处突

　　(2) 活动安保　利用警用无人机的高空视野广、监控范围大、视角灵活多变的特点，可对大型活动现场人员聚集区域进行监管。同时，通过人脸识别、自动跟踪等技术，可实现现场的有效管控。2020 年 10 月，浙江上虞丰惠古镇首次使用无人机，配合路口安保力量，为丰惠古城中秋游园活动守护安全。

　　2021 年 10 月，广西南宁市公安局南湖分局警方启用警用无人机进行空中巡逻，让国庆安保"提速"。

　　(3) 侦查搜捕　无人机在空中的监视范围比地面更加广阔，有利于扩展巡逻的覆盖范围。在现有巡逻模式下，无人机巡逻将成为一种重要的执法模式。利用无人机可以事先明确地形，再对各关键部位部署警力，便于更好地抓捕违法犯罪嫌疑人。对于逃窜藏匿的不法人员，无人机也可以很快发现车辆和人员行踪，实现有效监控覆盖。即便在夜间，无人机也可以通过热成像、照明等进行有效搜捕。无人机可以搭载高清摄像机、警用高音喇叭等设备，远程对现场进行监控、喊话等，维持现场秩序。无人机侦查搜捕如图 6-9 所示。

目前多地的公安部门已经将无人机应用于对当地恐怖分子、犯罪嫌疑人的搜捕工作中。

图 6-9　无人机在侦查搜捕

（4）交通管理　无人机携带高清照相机，可对城市道路的整体态势进行及时了解。在节假日期间，无人机可用于高速道路上对占用应急车道等违法行为进行抓拍，如图 6-10 所示。在发生重大交通事故时，无人机能够快速勘察交通事故现场，快速拍照和记录。民警通过回传信息能够在处理事故时进行准确判断，并对现场情况进行调度，快速解决道路拥堵，还道路通畅。

图 6-10　无人机在交通抓拍

（5）紧急救援　当发生自然灾害或安全生产事故时，往往伴随交通阻断，人员及车辆难以第一时间到达现场。针对群众求助、山林火情、水面救助等警情，通过无人机高空作业实时传输图像，可对需要救助人员第一时间进行报警定位，并投递相关救生设备。无人机紧急救援如图 6-11 所示。

（6）消防救援　某市公安局曾派出两架警用无人机对发生火灾的化工市场进行空中监控，为配合消防人员灭火发挥了很大作用。

无人机消防救援如图 6-12 所示。消防救援是一项专业化极高的工作，及时了解火场周边情况，包括地形、地貌、建筑物之间的关系，特别是火场中心位置等，对科学、高效地实施灭火工作至关重要。

警用无人机正在不断突破创新，更能满足政府部门执法需求，且用途越来越广。但因技术和法律的限制，国家层面上的大批量采购暂时还无法实现，主要是各地方政府单位试用或者小批量采购。但随着技术的成熟和法规的完善，警用无人机必将成为警务工作的一大助力。

图 6-11　无人机紧急救援

图 6-12　无人机消防救援

6.2.6　在物流领域的应用

1. 物流无人机简介

无人机物流可细分为：支线无人机运输、无人机快递（末端配送）、无人机救援（应急物流）以及无人机仓储管理（盘点、巡检等）等类别，其中以支线无人机运输和无人机末端配送为主要形式。

无人机运输（一般指货运）是无人机物流的重要组成部分，是通过自备的程序控制装置或无线电遥控设备，操纵无人机进行货物运送的过程，依据运输距离、运载重量及续航时间区分为支线无人机运输、末端无人机配送等类型。

无人机物流在实用性、经济性和可靠性等方面拥有优势。相比于地面运输具有方便高效、节约资源和基础设施的优点。相比于一般的航空运输和直升机运输，无人机运输具有成本低、调度灵活等优势。针对物流行业，可以节约人工，通过协助人力发挥"人机协同"效应能产生最佳效益。在科学规划的基础上，综合利用互联网＋无人机、机器人等技术和方式，能实现产能协同和运力优化。

2．物流无人机应用

2017 年 2 月，京东与陕西省政府签署了关于构建智慧物流体系的战略合作协议，宣布将与陕西省政府开展基于智慧物流体系、无人机通航物流体系、农村电商、跨境电商、互联网金融、传统物流体系等方面的合作。此举被视为京东正式进入无人机物流行业的信号。京东计划在全国建设上万个无人机机场，投入数十万架末端配送无人机，实现对全国多数县级行政区域和乡村的覆盖。

当京东的无人机商用初具规模时，顺丰、苏宁以及菜鸟等企业已经开始探索无人机领域。顺丰正在构建三段式航空网，搭建完成后，快件将通过大型有人运输机、支线大型无人机以及末端小型无人机，机动匹配并覆盖国家干线、城市干线及偏远地区"最后一公里"的运输需求，实现 36h 快件通达全国。顺丰 FH-98 大型物流无人机如图 6-13 所示。

图 6-13　顺丰 FH-98 大型物流无人机

在 2017 年 "6·18" 期间，苏宁物流无人机在浙江安吉首飞成功，将原本 40 多 min 的车程缩短至 23min。同年 11 月，苏宁将无人机运输和配送正式写入物流经营范围。同年 "双 11"，阿里巴巴农村淘宝和菜鸟网络落地了无人机群组。

拓展阅读

精益求精，匠心筑梦

胡双钱是上海飞机制造有限公司的高级技师，是一位坚守航空事业35年、加工数十万飞机零件无一差错的普通钳工。对质量的坚守，已经是融入血液的习惯。他心里清楚，一次差错可能就意味着无可估量的损失甚至以生命为代价。他用自己总结归纳的"对比复查法"和"反向验证法"在飞机零件制造岗位上创造了35年零差错的纪录，他所在的岗位连续十二年被公司评为"质量信得过岗位"，并授予产品免检荣誉证书。

不仅无差错，还特别能攻坚。在ARJ21新支线飞机项目和大型客机项目的研制和试飞阶段，设计定型及各项试验的过程中会产生许多特制件，这些零件无法进行大批量、规模化生产，钳工是进行零件加工最直接的手段。胡双钱几十年的积累和沉淀开始发挥作用。他攻坚克难，创新工作方法，圆满完成了ARJ21-700飞机起落架钛合金作动筒接头特制件制孔、C919大型客机项目平尾零件制孔等各种特制件的加工工作。胡双钱先后获得或被评为全国五一劳动奖章、全国劳动模范、全国道德模范。

一定要把我们自己的装备制造业搞上去，一定要把大飞机搞上去。已经55岁的胡双钱现在最大的愿望是："最好再干10年、20年，为中国大飞机多做一点。"

巩固练习

1. 军用无人机有哪些应用？

2. 植保无人机由哪几部分组成？

3. 相对于传统作业，植保无人机作业有什么优点？

4. 航拍无人机由哪几部分组成？

5. 巡线无人机的任务载荷有哪些？

6. 警用消防无人机有哪些应用？

附录

附录 A 民用机场管理条例

第一章 总 则

第一条 为了规范民用机场的建设与管理，积极、稳步推进民用机场发展，保障民用机场安全和有序运营，维护有关当事人的合法权益，依据《中华人民共和国民用航空法》，制定本条例。

第二条 本条例适用于中华人民共和国境内民用机场的规划、建设、使用、管理及其相关活动。

民用机场分为运输机场和通用机场。

第三条 民用机场是公共基础设施。各级人民政府应当采取必要的措施，鼓励、支持民用机场发展，提高民用机场的管理水平。

第四条 国务院民用航空主管部门依法对全国民用机场实施行业监督管理。地区民用航空管理机构依法对辖区内民用机场实施行业监督管理。

有关地方人民政府依法对民用机场实施监督管理。

第五条 全国民用机场布局规划应当根据国民经济和社会发展需求以及国防要求编制，并与综合交通发展规划、土地利用总体规划、城乡规划相衔接，严格控制建设用地规模，节约集约用地，保护生态环境。

第二章 民用机场的建设和使用

第六条 新建运输机场的场址应当符合国务院民用航空主管部门规定的条件。

运输机场所在地有关地方人民政府应当将运输机场场址纳入土地利用总体规划和城乡规划统筹安排，并对场址实施保护。

第七条 运输机场的新建、改建和扩建应当依照国家有关规定办理建设项目审批、核准手续。

第八条 运输机场总体规划由运输机场建设项目法人编制，并经国务院民用航空主管部门或者地区民用航空管理机构（以下统称民用航空管理部门）批准后方可实施。

飞行区指标为 4E 以上（含 4E）的运输机场的总体规划，由国务院民用航空主管部门批准；飞行区指标为 4D 以下（含 4D）的运输机场的总体规划，由所在地地区民用航空管理机构批准。民用航空管理部门审批运输机场总体规划，应当征求运输机场所在地有关地方人民政府意见。

运输机场建设项目法人编制运输机场总体规划，应当征求有关军事机关意见。

第九条 运输机场所在地有关地方人民政府应当将运输机场总体规划纳入城乡规划，并根据运输机场的运营和发展需要，对运输机场周边地区的土地利用和建设实行规划控制。

第十条　运输机场内的建设项目应当符合运输机场总体规划。任何单位和个人不得在运输机场内擅自新建、改建、扩建建筑物或者构筑物。

第十一条　运输机场新建、改建和扩建项目的安全设施应当与主体工程同时设计、同时施工、同时验收、同时投入使用。安全设施投资应当纳入建设项目概算。

第十二条　运输机场内的供水、供电、供气、通信、道路等基础设施由机场建设项目法人负责建设；运输机场外的供水、供电、供气、通信、道路等基础设施由运输机场所在地地方人民政府统一规划，统筹建设。

第十三条　运输机场专业工程的设计应当符合国家有关标准，并经民用航空管理部门批准。

飞行区指标为4E以上（含4E）的运输机场专业工程的设计，由国务院民用航空主管部门批准；飞行区指标为4D以下（含4D）的运输机场专业工程的设计，由运输机场所在地地区民用航空管理机构批准。

运输机场专业工程经民用航空管理部门验收合格后，方可投入使用。

运输机场专业工程目录由国务院民用航空主管部门会同国务院建设主管部门制定并公布。

第十四条　通用机场的规划、建设按照国家有关规定执行。

第十五条　运输机场的安全和运营管理由依法组建的或者受委托的具有法人资格的机构（以下简称机场管理机构）负责。

第十六条　运输机场投入使用应当具备下列条件：

（一）有健全的安全运营管理体系、组织机构和管理制度；

（二）有与其运营业务相适应的飞行区、航站区、工作区以及空中交通服务、航行情报、通信导航监视、气象等相关设施、设备和人员；

（三）使用空域已经批准；

（四）飞行程序和运行标准符合国务院民用航空主管部门的规定；

（五）符合国家规定的民用航空安全保卫条件；

（六）有处理突发事件的应急预案及相应的设施、设备。

第十七条　运输机场投入使用的，机场管理机构应当向国务院民用航空主管部门提出申请，并附送符合本条例第十六条规定条件的相关材料。

国务院民用航空主管部门应当自受理申请之日起45个工作日内审查完毕，作出准予许可或者不予许可的决定。准予许可的，颁发运输机场使用许可证；不予许可的，应当书面通知申请人并说明理由。

第十八条　通用机场投入使用应当具备下列条件：

（一）有与运营业务相适应的飞行场地；

（二）有保证飞行安全的空中交通服务、通信导航监视等设施和设备；

（三）有健全的安全管理制度、符合国家规定的民用航空安全保卫条件以及处理突发事件的应急预案；

（四）配备必要的管理人员和专业技术人员。

第十九条 通用机场投入使用的，通用机场的管理者应当向通用机场所在地地区民用航空管理机构提出申请，并附送符合本条例第十八条规定条件的相关材料。

地区民用航空管理机构应当自受理申请之日起30个工作日内审查完毕，作出准予许可或者不予许可的决定。准予许可的，颁发通用机场使用许可证；不予许可的，应当书面通知申请人并说明理由。

第二十条 运输机场作为国际机场使用的，应当按照国家有关规定设立口岸查验机构，配备相应的人员、场地和设施，并经国务院有关部门验收合格。

国际机场的开放使用，由国务院民用航空主管部门对外公告；国际机场资料由国务院民用航空主管部门统一对外提供。

第二十一条 机场管理机构应当按照运输机场使用许可证规定的范围开放使用运输机场，不得擅自关闭。

运输机场因故不能保障民用航空器运行安全，需要临时关闭的，机场管理机构应当及时通知有关空中交通管理部门并及时向社会公告。空中交通管理部门应当按照相关规定发布航行通告。

机场管理机构拟关闭运输机场的，应当提前45日报颁发运输机场使用许可证的机关，经批准后方可关闭，并向社会公告。

第二十二条 运输机场的命名或者更名应当符合国家有关法律、行政法规的规定。

第二十三条 运输机场废弃或者改作他用的，机场管理机构应当按照国家有关规定办理报批手续，并及时向社会公告。

第三章 民用机场安全和运营管理

第二十四条 民用航空管理部门、有关地方人民政府应当加强对运输机场安全运营工作的领导，督促机场管理机构依法履行安全管理职责，协调、解决运输机场安全运营中的问题。

第二十五条 民用航空管理部门、有关地方人民政府应当按照国家规定制定运输机场突发事件的应急预案。

第二十六条 机场管理机构应当根据运输机场突发事件应急预案组织运输机场应急救援的演练和人员培训。

机场管理机构、航空运输企业以及其他驻场单位应当配备必要的应急救援设备和器材，并加强日常管理。

第二十七条 机场管理机构应当依照国家有关法律、法规和技术标准的规定，保证运输机场持续符合安全运营要求。运输机场不符合安全运营要求的，机场管理机构应当按照国家有关规定及时改正。

第二十八条　机场管理机构对运输机场的安全运营实施统一协调管理，负责建立健全机场安全运营责任制，组织制定机场安全运营规章制度，保障机场安全投入的有效实施，督促检查安全运营工作，及时消除安全事故隐患，依法报告生产安全事故。

航空运输企业及其他驻场单位应当按照各自的职责，共同保障运输机场的安全运营并承担相应的责任；发生影响运输机场安全运营情况的，应当立即报告机场管理机构。

第二十九条　机场管理机构、航空运输企业以及其他驻场单位应当定期对从业人员进行必要的安全运营培训，保证从业人员具备相关的知识和技能。

第三十条　民用机场专用设备应当符合国家规定的标准和相关技术规范，并经国务院民用航空主管部门认定的机构检验合格后，方可用于民用机场。

民用航空管理部门应当加强对民用机场专用设备的监督检查。

民用机场专用设备目录由国务院民用航空主管部门制定并公布。

第三十一条　在运输机场开放使用的情况下，不得在飞行区及与飞行区临近的航站区内进行施工。确需施工的，应当取得运输机场所在地地区民用航空管理机构的批准。

第三十二条　发生突发事件，运输机场所在地有关地方人民政府、民用航空管理部门、空中交通管理部门、机场管理机构等单位应当按照应急预案的要求及时、有效地开展应急救援。

第三十三条　机场管理机构统一协调、管理运输机场的生产运营，维护运输机场的正常秩序，为航空运输企业及其他驻场单位、旅客和货主提供公平、公正、便捷的服务。

机场管理机构与航空运输企业及其他驻场单位应当签订书面协议，明确各方在生产运营、机场管理过程中以及发生航班延误等情况时的权利和义务。

第三十四条　机场管理机构应当组织航空运输企业及其他驻场单位制定服务规范并向社会公布。

第三十五条　机场管理机构应当按照国家规定的标准配备候机、餐饮、停车、医疗急救等设施、设备，并提供相应的服务。

第三十六条　机场管理机构应当与航空运输企业、空中交通管理部门等单位建立信息共享机制，相互提供必要的生产运营信息，及时为旅客和货主提供准确的信息。

第三十七条　机场管理机构、航空运输企业以及其他驻场单位应当采取有效措施加强协调和配合，共同保证航班正常运行。

航班发生延误，机场管理机构应当及时协调航空运输企业及其他有关驻场单位共同做好旅客和货主服务，及时通告相关信息。航空运输企业及其代理人应当按照有关规定和服务承诺为旅客和货主提供相应的服务。

第三十八条　机场范围内的零售、餐饮、航空地面服务等经营性业务采取有偿转让经营权的方式经营的，机场管理机构应当按照国务院民用航空主管部门的规定与取得经营权的企业签订协议，明确服务标准、收费水平、安全规范和责任等事项。

对于采取有偿转让经营权的方式经营的业务，机场管理机构及其关联企业不得参与经营。

第三十九条 机场管理机构应当向民用航空管理部门报送运输机场规划、建设和生产运营的有关资料，接受民用航空管理部门的监督检查。

第四十条 民用航空管理部门和机场管理机构应当建立投诉受理制度，公布投诉受理单位和投诉方式。对于旅客和货主的投诉，民用航空管理部门或者机场管理机构应当自受理之日起 10 个工作日内作出书面答复。

第四十一条 在民用机场内从事航空燃油供应业务的企业，应当具备下列条件：

（一）取得成品油经营许可和危险化学品经营许可；

（二）有符合国家有关标准、与经营业务规模相适应的航空燃油供应设施、设备；

（三）有健全的航空燃油供应安全管理制度、油品检测和监控体系；

（四）有满足业务经营需要的专业技术和管理人员。

第四十二条 申请在民用机场内从事航空燃油供应业务的企业，应当向民用机场所在地地区民用航空管理机构提出申请，并附送符合本条例第四十一条规定条件的相关材料。

地区民用航空管理机构应当自受理申请之日起 30 个工作日内，作出准予许可或者不予许可的决定。准予许可的，颁发民用机场航空燃油供应安全运营许可证；不予许可的，应当书面通知申请人并说明理由。

第四十三条 航空燃油供应企业供应的航空燃油应当符合航空燃油适航标准。

第四十四条 民用机场航空燃油供应设施应当公平地提供给航空燃油供应企业使用。

第四十五条 运输机场航空燃油供应企业停止运输机场航空燃油供应业务的，应当提前 90 日告知运输机场所在地地区民用航空管理机构、机场管理机构和相关航空运输企业。

第四章 民用机场安全环境保护

第四十六条 民用机场所在地地区民用航空管理机构和有关地方人民政府，应当按照国家有关规定划定民用机场净空保护区域，并向社会公布。

第四十七条 县级以上地方人民政府审批民用机场净空保护区域内的建设项目，应当书面征求民用机场所在地地区民用航空管理机构的意见。

第四十八条 在民用机场净空保护区域内设置 22 万伏以上（含 22 万伏）的高压输电塔的，应当按照国务院民用航空主管部门的有关规定设置障碍灯或者标志，保持其正常状态，并向民用机场所在地地区民用航空管理机构、空中交通管理部门和机场管理机构提供有关资料。

第四十九条 禁止在民用机场净空保护区域内从事下列活动：

（一）排放大量烟雾、粉尘、火焰、废气等影响飞行安全的物质；

（二）修建靶场、强烈爆炸物仓库等影响飞行安全的建筑物或者其他设施；

（三）设置影响民用机场目视助航设施使用或者飞行员视线的灯光、标志或者物体；

（四）种植影响飞行安全或者影响民用机场助航设施使用的植物；

（五）放飞影响飞行安全的鸟类，升放无人驾驶的自由气球、系留气球和其他升空物体；

（六）焚烧产生大量烟雾的农作物秸秆、垃圾等物质，或者燃放烟花、焰火；

（七）在民用机场围界外5米范围内，搭建建筑物、种植树木，或者从事挖掘、堆积物体等影响民用机场运营安全的活动；

（八）国务院民用航空主管部门规定的其他影响民用机场净空保护的行为。

第五十条　在民用机场净空保护区域外从事本条例第四十九条所列活动的，不得影响民用机场净空保护。

第五十一条　禁止在距离航路两侧边界各30公里以内的地带修建对空射击的靶场和其他可能影响飞行安全的设施。

第五十二条　民用航空管理部门和机场管理机构应当加强对民用机场净空状况的核查。发现影响民用机场净空保护的情况，应当立即制止，并书面报告民用机场所在地县级以上地方人民政府。接到报告的县级以上地方人民政府应当及时采取有效措施，消除对飞行安全的影响。

第五十三条　民用机场所在地地方无线电管理机构应当会同地区民用航空管理机构按照国家无线电管理的有关规定和标准确定民用机场电磁环境保护区域，并向社会公布。

民用机场电磁环境保护区域包括设置在民用机场总体规划区域内的民用航空无线电台（站）电磁环境保护区域和民用机场飞行区电磁环境保护区域。

第五十四条　设置、使用地面民用航空无线电台（站），应当经民用航空管理部门审核后，按照国家无线电管理有关规定办理审批手续，领取无线电台执照。

第五十五条　在民用机场电磁环境保护区域内设置、使用非民用航空无线电台（站）的，无线电管理机构应当在征求民用机场所在地地区民用航空管理机构意见后，按照国家无线电管理的有关规定审批。

第五十六条　禁止在民用航空无线电台（站）电磁环境保护区域内，从事下列影响民用机场电磁环境的活动：

（一）修建架空高压输电线、架空金属线、铁路、公路、电力排灌站；

（二）存放金属堆积物；

（三）种植高大植物；

（四）从事掘土、采砂、采石等改变地形地貌的活动；

（五）国务院民用航空主管部门规定的其他影响民用机场电磁环境的行为。

第五十七条　任何单位或者个人使用的无线电台（站）和其他仪器、装置，不得对民用航空无线电专用频率的正常使用产生干扰。

第五十八条 民用航空无线电专用频率受到干扰时，机场管理机构和民用航空管理部门应当立即采取排查措施，及时消除；无法消除的，应当通报民用机场所在地地方无线电管理机构。接到通报的无线电管理机构应当采取措施，依法查处。

第五十九条 在民用机场起降的民用航空器应当符合国家有关航空器噪声和涡轮发动机排出物的适航标准。

第六十条 机场管理机构应当会同航空运输企业、空中交通管理部门等有关单位，采取技术手段和管理措施控制民用航空器噪声对运输机场周边地区的影响。

第六十一条 民用机场所在地有关地方人民政府制定民用机场周边地区的土地利用总体规划和城乡规划，应当充分考虑民用航空器噪声对民用机场周边地区的影响，符合国家有关声环境质量标准。

机场管理机构应当将民用航空器噪声对运输机场周边地区产生影响的情况，报告有关地方人民政府国土资源、规划建设、环境保护等主管部门。

第六十二条 民用机场所在地有关地方人民政府应当在民用机场周边地区划定限制建设噪声敏感建筑物的区域并实施控制。确需在该区域内建设噪声敏感建筑物的，建设单位应当采取措施减轻或者避免民用航空器运行时对其产生的噪声影响。

民用机场所在地有关地方人民政府应当会同地区民用航空管理机构协调解决在民用机场起降的民用航空器噪声影响引发的相关问题。

第五章 法 律 责 任

第六十三条 违反本条例的规定，有下列情形之一的，由民用航空管理部门责令改正，处 10 万元以上 50 万元以下的罚款：

（一）在运输机场内进行不符合运输机场总体规划的建设活动；

（二）擅自实施未经批准的运输机场专业工程的设计，或者将未经验收合格的运输机场专业工程投入使用；

（三）在运输机场开放使用的情况下，未经批准在飞行区及与飞行区临近的航站区内进行施工。

第六十四条 违反本条例的规定，机场管理机构未按照运输机场使用许可证规定的范围使用运输机场的，由运输机场所在地地区民用航空管理机构责令改正，处 20 万元以上 100 万元以下的罚款。

第六十五条 违反本条例的规定，机场管理机构未经批准擅自关闭运输机场的，由运输机场所在地地区民用航空管理机构责令改正，处 10 万元以上 50 万元以下的罚款。

第六十六条 违反本条例的规定，机场管理机构因故不能保障民用航空器飞行安全，临时关闭运输机场，未及时通知有关空中交通管理部门并及时向社会公告，或者经批准关闭运输机场后未及时向社会公告的，由运输机场所在地地区民用航空管理机构责令改正，处 2 万元以上 10 万元以下的罚款。

第六十七条 违反本条例的规定，机场管理机构未按照应急预案的要求进行应急救援演练或者未配备必要的应急救援设备和器材的，由地区民用航空管理机构责令改正，处1万元以上5万元以下的罚款。

第六十八条 违反本条例的规定，运输机场投入使用后不符合安全运营要求，机场管理机构拒不改正，或者经改正仍不符合安全运营要求的，由民用航空管理部门作出限制使用的决定；情节严重的，吊销运输机场使用许可证。

第六十九条 机场管理机构未依照本条例的规定履行管理职责，造成运输机场地面事故、民用航空器飞行事故或者严重事故征候的，民用航空管理部门应当责令改正，处20万元以上100万元以下的罚款。

第七十条 违反本条例的规定，机场管理机构在运输机场内使用不符合国家规定标准和相关技术规范的民用机场专用设备的，由运输机场所在地地区民用航空管理机构责令停止使用，处10万元以上50万元以下的罚款。

第七十一条 违反本条例的规定，发生突发事件，机场管理机构、空中交通管理部门等单位未按照应急预案的要求及时、有效开展应急救援的，由地区民用航空管理机构责令改正，处10万元以上50万元以下的罚款。

第七十二条 违反本条例的规定，未取得民用机场航空燃油供应安全运营许可证，在民用机场内从事航空燃油供应业务的，由民用机场所在地地区民用航空管理机构责令改正，处20万元以上100万元以下的罚款；有违法所得的，没收违法所得。

第七十三条 违反本条例的规定，航空燃油供应企业供应的航空燃油不符合航空燃油适航标准的，由民用机场所在地地区民用航空管理机构责令改正，处20万元以上100万元以下的罚款；情节严重的，吊销民用机场航空燃油供应安全运营许可证。

第七十四条 违反本条例的规定，运输机场航空燃油供应企业停止运输机场航空燃油供应业务，未提前90日告知地区民用航空管理机构、机场管理机构和相关航空运输企业的，由运输机场所在地地区民用航空管理机构处5万元以上25万元以下的罚款。

第七十五条 违反本条例的规定，有下列情形之一的，由地区民用航空管理机构责令改正，处2万元以上10万元以下的罚款：

（一）机场管理机构不按照国家规定的标准配备候机、餐饮、停车、医疗急救等设施、设备，并提供相应的服务；

（二）航班发生延误时，机场管理机构、航空运输企业以及其他驻场单位不按照有关规定和服务承诺为旅客和货主提供相应的服务。

第七十六条 违反本条例的规定，机场管理机构及其关联企业参与经营采取有偿转让经营权的方式经营的业务的，由地区民用航空管理机构责令改正，处10万元以上50万元以下的罚款；有违法所得的，没收违法所得。

第七十七条 违反本条例的规定，机场管理机构未向民用航空管理部门报送运输机场规划、建设和生产运营的有关资料的，由民用航空管理部门责令改正；拒不改正的，处1万元以上5万元以下的罚款。

第七十八条 违反本条例的规定，在民用机场净空保护区域内设置22万伏以上（含22万伏）的高压输电塔，未依照国务院民用航空主管部门的有关规定设置障碍灯或者标志的，由民用机场所在地地区民用航空管理机构责令改正，处10万元以上50万元以下的罚款。

第七十九条 违反本条例的规定，有下列情形之一的，由民用机场所在地县级以上地方人民政府责令改正；情节严重的，处2万元以上10万元以下的罚款：

（一）排放大量烟雾、粉尘、火焰、废气等影响飞行安全的物质；

（二）修建靶场、强烈爆炸物仓库等影响飞行安全的建筑物或者其他设施；

（三）设置影响民用机场目视助航设施使用或者飞行员视线的灯光、标志或者物体；

（四）种植影响飞行安全或者影响民用机场助航设施使用的植物；

（五）放飞影响飞行安全的鸟类、升放无人驾驶的自由气球、系留气球和其他升空物体；

（六）焚烧产生大量烟雾的农作物秸秆、垃圾等物质，或者燃放烟花、焰火；

（七）在民用机场围界外5米范围内，搭建建筑物、种植树木，或者从事挖掘、堆积物体等影响民用机场运营安全的活动；

（八）国务院民用航空主管部门规定的其他影响民用机场净空保护的行为。

第八十条 违反本条例的规定，使用的无线电台（站）或者其他仪器、装置，对民用航空无线电专用频率的正常使用产生干扰的，由民用机场所在地无线电管理机构责令改正；情节严重的，处2万元以上10万元以下的罚款。

第八十一条 违反本条例的规定，在民用航空无线电台（站）电磁环境保护区域内从事下列活动的，由民用机场所在地县级以上地方人民政府责令改正；情节严重的，处2万元以上10万元以下的罚款：

（一）修建架空高压输电线、架空金属线、铁路、公路、电力排灌站；

（二）存放金属堆积物；

（三）从事掘土、采砂、采石等改变地形地貌的活动；

（四）国务院民用航空主管部门规定的其他影响民用机场电磁环境保护的行为。

第八十二条 违反本条例的规定，在民用机场起降的民用航空器不符合国家有关航空器噪声和涡轮发动机排出物的适航标准的，由民用航空管理部门责令相关航空运输企业改正，可以处10万元以下的罚款；拒不改正的，处10万元以上50万元以下的罚款。

第八十三条 国家工作人员违反本条例的规定，有下列情形之一的，由有关部门依法给予处分：

（一）不依照规定实施行政许可；

（二）不依法履行监督检查职责；

（三）不依法实施行政强制措施或者行政处罚；

（四）滥用职权、玩忽职守的其他行为。

第六章 附 则

第八十四条 本条例所称运输机场是指为从事旅客、货物运输等公共航空运输活动的民用航空器提供起飞、降落等服务的机场。

本条例所称通用机场是指为从事工业、农业、林业、渔业和建筑业的作业飞行，以及医疗卫生、抢险救灾、气象探测、海洋监测、科学实验、教育训练、文化体育等飞行活动的民用航空器提供起飞、降落等服务的机场。

第八十五条 本条例所称飞行区指标为 4D 的运输机场是指可供基准飞行场地长度大于 1800 米、翼展在 36 米至 52 米之间、主起落架外轮外侧边间距在 9 米至 14 米之间的民用航空器起飞、降落的机场。

本条例所称飞行区指标为 4E 的运输机场是指可供基准飞行场地长度大于 1800 米、翼展在 52 米至 65 米之间、主起落架外轮外侧边间距在 9 米至 14 米之间的民用航空器起飞、降落的机场。

第八十六条 军民合用机场民用部分的管理除遵守本条例的有关规定外，还应当遵守国务院、中央军事委员会的有关规定。

第八十七条 本条例自 2009 年 7 月 1 日起施行。

附录B 民用无人机驾驶员管理规定

1. 目的

近年来随着技术进步，民用无人驾驶航空器（以下简称无人机）的生产和应用在国内外得到了蓬勃发展，其驾驶员（业界也称操控员、操作手、飞手等，在本咨询通告中统称为驾驶员）数量持续快速增加。面对这样的情况，局方有必要在不妨碍民用无人机多元发展的前提下，加强对民用无人机驾驶员的规范管理，促进民用无人机产业的健康发展。

由于民用无人机在全球范围内发展迅速，国际民航组织已经开始为无人机系统制定标准和建议措施（SARPs）、空中航行服务程序（PANS）和指导材料。这些标准和建议措施已日趋成熟，因此多个国家发布了管理规定。

无论驾驶员是否位于航空器的内部或外部，无人机系统和驾驶员必须符合民航法规在相应章节中的要求。由于无人机系统中没有机载驾驶员，原有法规有关驾驶员部分章节已不能适用，本文件对相关内容进行说明。

本咨询通告针对目前出现的无人机系统的驾驶员实施指导性管理，并将根据行业发展情况随时修订，最终目的是按照国际民航组织的标准建立我国完善的民用无人机驾驶员监管体系。

2．适用范围

本咨询通告用于民用无人机系统驾驶人员的资质管理。其涵盖范围包括：

（1）无机载驾驶人员的无人机系统。

（2）有机载驾驶人员的航空器，但该航空器可同时由外部的无人机驾驶员实施完全飞行控制。

分布式操作的无人机系统或者集群，其操作者个人无需取得无人机驾驶员执照，具体管理办法另行规定。

3．定义

本咨询通告使用的术语定义：

（1）无人机（UA：Unmanned Aircraft），是由控制站管理（包括远程操纵或自主飞行）的航空器。

（2）无人机系统（UAS：Unmanned Aircraft System），是指无人机以及与其相关的遥控站（台）、任务载荷和控制链路等组成的系统。

（3）无人机系统驾驶员，对无人机的运行负有必不可少职责并在飞行期间适时操纵无人机的人。

（4）等级，是指填在执照上或与执照有关并成为执照一部分的授权，说明关于此种执照的特殊条件、权利或限制。

（5）类别等级，指根据无人机产生气动力及不同运动状态依靠的不同部件或方式，将无人机进行划分并成为执照一部分的授权，说明关于此种执照的特殊条件、权利或限制。

（6）固定翼，指动力驱动的重于空气的一种无人机，其飞行升力主要由给定飞行条件下保持不变的翼面产生。在本规定中作为类别等级中的一种。

（7）直升机，是指一种重于空气的无人机，其飞行升力主要由在垂直轴上一个或多个动力驱动的旋翼产生，其运动状态改变的操纵一般通过改变旋翼桨叶角来实现。在本规定中作为类别等级中的一种。

（8）多旋翼，是指一种重于空气的无人机，其飞行升力主要由三个及以上动力驱动的旋翼产生，其运动状态改变的操纵一般通过改变旋翼转速来实现。在本规定中作为类别等级中的一种。

（9）垂直起降固定翼，是指一种重于空气的无人机，垂直起降时由与直升机、多旋翼类似起降方式或直接推力等方式实现，水平飞行由固定翼飞行方式实现，且垂直起降与水平飞行方式可在空中自由转换。在本规定中作为类别等级中的一种。

（10）自转旋翼机，是指一种旋翼机，其旋翼仅在起动或跃升时有动力驱动，在空中平飞时靠空气的作用力推动自由旋转。这种旋翼机的推进方式通常是使用独立于旋翼系统的推进式动力装置。在本规定中作为类别等级中的一种。

（11）飞艇，是指一种由动力驱动能够操纵的轻于空气的航空器。在本规定中作为类别等级中的一种。

（12）视距内运行（VLOS：Visual Line of Sight Operations），无人机在驾驶员或观测员与无人机保持直接目视视觉接触的范围内运行，且该范围为目视视距内半径不大于500米，人、机相对高度不大于120米。在本规定中作为驾驶员等级中的一种。

（13）超视距运行（BVLOS：Beyond VLOS），无人机在目视视距以外的运行。在本规定中作为驾驶员等级中的一种。

（14）扩展视距运行（EVLOS：Extended VLOS），无人机在目视视距以外运行，但驾驶员或者观测员借助视觉延展装置操作无人机，属于超视距运行的一种。

（15）授权教员，是指持有按本规定颁发的具有教员等级的无人机驾驶员执照，并依据其教员等级上规定的权利和限制执行教学的人员。

（16）无人机系统的机长，是指由运营人指派在系统运行时间内负责整个无人机系统运行和安全的驾驶员。

（17）无人机观测员，由运营人指定的训练有素的人员，通过目视观测无人机，协助无人机驾驶员安全实施飞行，通常由运营人管理，无证照要求。

（18）运营人，是指从事或拟从事航空器运营的个人、组织或企业。

（19）控制站（也称遥控站、地面站），无人机系统的组成部分，包括用于操纵无人机的设备。

（20）指令与控制数据链路（C2：Command and Control data link），是指无人机和控制站之间为飞行管理之目的的数据链接。

（21）感知与避让，是指看见、察觉或发现交通冲突或其他危险并采取适当行动的能力。

（22）无人机感知与避让系统，是指无人机机载安装的一种设备，用以确保无人机与其他航空器保持一定的安全飞行间隔，相当于载人航空器的防撞系统。在融合空域中运行的XI、XII类无人机应安装此种系统。

（23）融合空域，是指有其他有人驾驶航空器同时运行的空域。

（24）隔离空域，是指专门分配给无人机系统运行的空域，通过限制其他航空器的进入以规避碰撞风险。

（25）人口稠密区，是指城镇、乡村、繁忙道路或大型露天集会场所等区域。

（26）空机重量，是指不包含载荷和燃料的无人机重量，该重量包含燃料容器和电池等固体装置。

（27）飞行经历时间，是指为符合民用无人机驾驶员的训练和飞行时间要求，操纵无人机或在模拟机上所获得的飞行时间，这些时间应当是作为操纵无人机系统必需成员的时间，或从授权教员处接受训练或作为授权教员提供教学的时间。

(28) 飞行经历记录本，是指记录飞行经历时间和相关信息的证明材料，包括纸质飞行经历记录本和由无人机云交换系统支持的电子飞行经历记录本。

(29) 训练记录，是指为获取执照或等级而接受相关训练的证明材料，包括纸质训练记录和由无人机云交换系统支持的电子化训练记录。

(30) 理论考试，是指航空知识理论方面的考试，该考试是颁发民用无人机驾驶员执照或等级所要求的，可以通过笔试或者计算机考试来实施。

(31) 实践考试，是指为取得民用无人机驾驶员执照或者等级进行的操作方面的考试（包括实践飞行、综合问答、地面站操作），该考试通过申请人在飞行中演示操作动作及回答问题的方式进行。

(32) 申请人，是指申请无人机驾驶员执照或等级的自然人。

(33) 无人机云系统（简称无人机云），是指轻小民用无人机运行动态数据库系统，用于向无人机用户提供航行服务、气象服务等，对民用无人机运行数据（包括运营信息、位置、高度和速度等）进行实时监测。

(34) 无人机云交换系统（无人机云数据交换平台），是指由民航局运行，能为多个无人机云系统提供实时数据交换和共享的实时动态数据库系统。

(35) 分布式操作，是指把无人机系统操作分解为多个子业务，部署在多个站点或者终端进行协同操作的模式，不要求个人具备对无人机系统的完全操作能力。

4. 执照和等级要求

无人机系统分类较多，所适用空域远比有人驾驶航空器广阔，因此有必要对无人机系统驾驶员实施分类管理。

(1) 下列情况下，无人机系统驾驶员自行负责，无须执照管理：

A. 在室内运行的无人机。

B. Ⅰ、Ⅱ类无人机（分类等级见第 6 条 C 款。如运行需要，驾驶员可在无人机云交换系统进行备案。备案内容应包括驾驶员真实身份信息、所使用的无人机型号，并通过在线法规测试）。

C. 在人烟稀少、空旷的非人口稠密区进行试验的无人机。

(2) 在隔离空域和融合空域运行的除Ⅰ、Ⅱ类以外的无人机，其驾驶员执照由局方实施管理。

A. 操纵视距内运行无人机的驾驶员，应当持有按本规定颁发的具备相应类别、分类等级的视距内等级驾驶员执照，并且在行使相应权利时随身携带该执照。

B. 操纵超视距运行无人机的驾驶员，应当持有按本规定颁发的具备相应类别、分类等级的有效超视距等级的驾驶员执照，并且在行使相应权利时随身携带该执照。

C．教员等级：

1）按本规则颁发的相应类别、分类等级的具备教员等级的驾驶员执照持有人，行使教员权利应当随身携带该执照。

2）未具备教员等级的驾驶员执照持有人不得从事下列活动：

i）向准备获取单飞资格的人员提供训练。

ii）签字推荐申请人获取驾驶员执照或增加等级所必需的实践考试。

iii）签字推荐申请人参加理论考试或实践考试未通过后的补考。

iv）签署申请人的飞行经历记录本。

v）在飞行经历记录本上签字，授予申请人单飞权利。

D．植保类无人机分类等级。担任操纵植保无人机系统并负责无人机系统运行和安全的驾驶员，应当持有按本规定颁发的具备 V 分类等级的驾驶员执照，或经农业农村部等部门规定的由符合资质要求的植保无人机生产企业自主负责的植保无人机操作人员培训考核。

（3）自 2018 年 9 月 1 日起，民航局授权行业协会颁发的现行有效的无人机驾驶员合格证自动转换为民航局颁发的无人机驾驶员电子执照，原合格证所载明的权利一并转移至该电子执照。原Ⅶ分类等级（超视距运行的Ⅰ、Ⅱ类无人机）合格证载明的权利转移至Ⅲ分类等级电子执照。

5．无人机系统驾驶员管理

5.1　执照和等级分类

对于完成训练并考试合格，符合本规定颁发民用无人机驾驶员执照和等级条件的人员，在其驾驶员执照上签注如下信息：

A．驾驶员等级：

1）视距内等级

2）超视距等级

3）教员等级

B．类别等级：

1）固定翼

2）直升机

3）多旋翼

4）垂直起降固定翼

5）自转旋翼机

6）飞艇

7）其他

C．分类等级：

分类等级	空机重量（千克）	起飞全重（千克）
Ⅰ	0 < W ≤ 0.25	
Ⅱ	0.25 < W ≤ 4	1.5 < W ≤ 7
Ⅲ	4 < W ≤ 15	7 < W ≤ 25
Ⅳ	15 < W ≤ 116	25 < W ≤ 150
Ⅴ	植保类无人机	
Ⅺ	116 < W ≤ 5700	150 < W ≤ 5700
Ⅻ	W > 5700	

D．型别和职位（仅适用于Ⅺ、Ⅻ分类等级）：

1）无人机型别。

2）职位，包括机长、副驾驶。

注1：实际运行中，Ⅲ、Ⅳ、Ⅺ类分类有交叉时，按照较高要求的一类分类。

注2：对于串、并列运行或者编队运行的无人机，按照总重量分类。

注3：地方政府（例如当地公安部门）对于Ⅰ、Ⅱ类无人机重量界限低于本表规定的，以地方政府的具体要求为准。

5.2 颁发无人机驾驶员执照与等级的条件

局方应为符合相应资格、航空知识、飞行技能和飞行经历要求的申请人颁发无人机驾驶员执照与等级。具体要求为《颁发无人机驾驶员执照与等级的条件》（附件1）。

5.3 执照有效期及其更新

A．按本规定颁发的驾驶员执照有效期限为两年，且仅当执照持有人满足本规定和有关中国民用航空运行规章的相应训练与检查要求、并符合飞行安全记录要求时，方可行使其执照所赋予的相应权利。

B．执照持有人应在执照有效期期满前三个月内向局方申请重新颁发执照。对于申请人：

1）应出示在执照有效期满前24个日历月内，无人机云交换系统电子经历记录本上记录的100小时飞行经历时间证明。

2）如不满足上述飞行经历时间要求，应通过执照中任一最高驾驶员等级对应的实践考试。

C．执照在有效期内因等级或备注发生变化重新颁发时，则执照有效期与最高的驾驶员等级有效期保持一致。

D．执照过期的申请人须重新通过不同等级相应的理论及实践考试，方可申请重新颁发执照及相关等级。

5.4 教员等级更新

A．教员等级在其颁发月份之后第24个日历月结束时期满。

B．飞行教员可以在其教员等级期满前申请更新，但应当符合下列条件之一：

1）通过了以下相应教员等级的实践考试：

i）对应Ⅲ、Ⅳ分类等级的教员等级的执照持有人，如果通过了任何一个Ⅲ、Ⅳ分类等级的教员等级的实践考试，则其所持有的有效的Ⅲ、Ⅳ分类等级的教员等级均视为更新。

ii）对应Ⅺ、Ⅻ分类等级的教员等级的执照持有人，如果通过了Ⅺ、Ⅻ分类等级的教员等级中任何一项的实践考试，则其教员的所有等级均视为更新，其相应Ⅺ、Ⅻ分类等级熟练检查不在有效期内的除外。

2）飞行教员在其教员等级期满前90天内通过相应教员等级的更新检查：

i）对应Ⅲ、Ⅳ分类等级的教员等级的执照持有人，如果通过了Ⅺ、Ⅻ分类等级的教员等级的更新检查，则其所持有的有效的Ⅲ、Ⅳ分类等级的教员等级均视为更新。

ii）对应Ⅺ、Ⅻ分类等级的教员等级的执照持有人，如果通过了Ⅺ、Ⅻ分类等级的教员等级中任何一项的实践考试实践飞行科目，则其教员的所有等级均视为更新，其相应Ⅺ、Ⅻ分类等级熟练检查不在有效期内的除外。

3）按本条B.1）进行更新的，教员等级有效期自实践考试之日起计算。

5.5 教员等级过期后的重新办理

A．飞行教员在其教员等级过期后，应当重新通过实践考试后，局方可恢复其教员等级。

B．当飞行教员的驾驶员执照上与教员等级相对应的等级失效时，其教员等级权利自动丧失，除非该驾驶员按本规定恢复其驾驶员执照上所有相应的等级，其中教员等级的恢复需按本规定关于颁发飞行教员等级的要求通过理论考试和实践考试。

5.6 熟练检查

对于Ⅺ、Ⅻ分类等级驾驶员应对该分类等级下的每个签注的无人机类别、型别（如适用）等级接受熟练检查，该检查每12个月进行一次。检查由局方指定的人员实施。

5.7 增加等级

A．在驾驶员执照上增加等级，申请人应当符合本条B款至G款的相应条件。

B．超视距等级可以行使相同类别及分类等级的视距内等级执照持有人的所有权利。在驾驶员执照上增加超视距等级，而类别和分类等级不变的，申请人应当符合下列规定：

1）完成了相应执照类别和分类等级要求的超视距等级训练，符合本规定附件1关于超视距等级的飞行经历要求。

2）由授权教员在申请人的飞行经历记录本或者训练记录上签字，证明其在相应的超视距等级的航空知识方面是合格的。

3）由授权教员在申请人的飞行经历记录本或者训练记录上签字，证明其在相应的超视距等级的飞行技能方面是合格的。

4）通过了相应的超视距等级要求的理论考试。

5）通过了相应的超视距等级要求的实践考试。

C．在驾驶员执照上增加超视距等级的同时增加类别或分类等级的，申请人应当符合下列规定：

1）满足本条 B 款的相关飞行经历和训练要求。

2）满足本条 E 款或 F 款相应类别或分类等级的飞行经历和训练要求。

3）通过了相应的超视距等级要求的理论考试。

4）通过了相应的超视距等级要求的实践考试。

D．教员等级可以行使相同类别及分类等级的超视距等级持有人的所有权利。在驾驶员执照上增加教员等级，或在增加教员等级的同时增加类别或分类等级的申请人应当符合下列规定：

1）完成了相应执照类别和分类等级要求的教员等级训练，符合本规定附件 1 关于教员等级的飞行经历要求。

2）由授权教员在申请人的飞行经历记录本或者训练记录上签字，证明其在相应的教员等级的航空知识方面是合格的。

3）由授权教员在申请人的飞行经历记录本或者训练记录上签字，证明其在相应的教员等级的飞行技能和教学技能方面是合格的。

4）通过了相应的教员等级要求的理论考试。

5）通过了相应的教员等级要求的实践考试。

E．在驾驶员执照上增加类别等级，或在增加类别等级同时增加分类等级，申请人应当符合下列规定：

1）完成了相应驾驶员等级及其类别和分类等级要求的训练，符合本规则规定的相应驾驶员等级及其类别和分类等级的航空经历要求。

2）由授权教员在申请人的飞行经历记录本和训练记录上签字，证明其在相应驾驶员等级及其类别和分类等级的航空知识方面是合格的。

3）由授权教员在申请人的飞行经历记录本和训练记录上签字，证明其在相应驾驶员等级及其类别和分类等级的飞行技能方面是合格的。

4）通过了相应驾驶员等级及其类别等级要求的理论考试。

5）通过了相应驾驶员等级及其类别和分类等级要求的实践考试。

F．分类等级排列顺序由低到高依次为：Ⅲ、Ⅳ、Ⅺ、Ⅻ，高分类等级执照可行使低分类等级执照权利（不适用于 V 分类等级）。在具备低分类等级的执照上增加高分类等级（不适用于 V 分类等级），申请人应当符合下列规定：

1）完成了相应驾驶员等级及其类别和分类等级要求的训练，符合本规定关于相应驾驶员等级及其类别和分类等级的航空经历要求，相同类别低分类等级无人机驾驶员增加分类等级须具有操纵所申请分类等级无人机的飞行训练时间至少 10 小时，其中包含不少于 5 小时授权教员提供的带飞训练。

2）由授权教员在申请人的飞行经历记录本和训练记录上签字，证明其在相应驾驶员等级及其类别和分类等级的航空知识方面是合格的。

3）由授权教员在申请人的飞行经历记录本和训练记录上签字，证明其在相应驾驶员等级及其类别和分类等级的飞行技能方面是合格的。

4）通过了相应驾驶员等级及其类别和分类等级要求的实践考试。

G．在驾驶员执照上增加 V 分类等级，申请人应当符合下列规定：

1）依据《轻小无人机运行规定（试行）》（AC-91-31），完成了由授权教员提供的驾驶员满足植保无人机要求的训练。

2）由授权教员在申请人的飞行经历记录本或者训练记录上签字，证明其在植保无人机运行相关航空知识方面是合格的。

3）由授权教员在申请人的飞行经历记录本或者训练记录上签字，证明其在植保无人机运行相关飞行技能方面是合格的。

4）由授权教员在申请人的飞行经历记录本和训练记录上签字，证明其已取得操纵相应类别 V 分类等级无人机至少 10 小时的实践飞行训练时间。

5）通过了相应类别等级植保无人机运行相关的理论考试。

5.8　执照和等级的申请与审批

A．符合本规定相关条件的申请人，应当向局方提交申请执照或等级的申请，申请人对其申请材料实质内容的真实性负责，并按规定交纳相应的费用。

在递交申请时，申请人应当提交下述材料：

1）身份证明

2）学历证明（如要求）

3）相关无犯罪记录文件

4）理论考试合格的有效成绩单

5）原执照（如要求）

6）授权教员的资质证明

7）训练飞行活动的合法证明

8）飞行经历记录本

9）实践考试合格证明

B．对于申请材料不齐全或者不符合格式要求的，局方在收到申请之后的 5 个工作日内一次性书面通知申请人需要补正的全部内容。逾期不通知即视为在收到申请书之日起即为受理。申请人按照局方的通知提交全部补正材料的，局方应当受理申请。局方不予受理申请，应当书面通知申请人。局方受理申请后，应当在 20 个工作日内对申请人的申请材料完成审查。在局方对申请材料的实质内容按照本规定进行核实时，申请人应当及时回答局方提出的问题。由于申请人不能及时回答问题所延误的时间不记入前述 20 个工作日的期限。对于申请材料及流程符合局方要求的，局方应于 20 个工作日内受理，并在受理后 20 个工作日内完成最终审查作出批准或不批准的最终决定。

C．经局方批准，申请人可以取得相应的执照或等级。批准的无人机类别、分类等级或者其他备注由局方签注在申请人的执照上。

D．由于飞行训练或者实践考试中所用无人机的特性，申请人不能完成规定的驾驶员操作动作，因此未能完全符合本规定相关飞行技能要求，但符合所申请执照或者等级的所有其他要求的，局方可以向其颁发签注有相应限制的执照或者等级。

5.9　飞行经历记录

申请人应于申请考试前提供满足执照或等级所要求的飞行经历证明。截至 2018 年 12 月 31 日，局方接受由申请人与授权教员自行填写的飞行经历信息。自 2019 年 1 月 1 日起，申请人训练经历数据应接入无人机云交换系统，以满足申请执照或等级对飞行经历中带飞时间及单飞时间的要求。飞行经历记录填写规范参考《民用无人机驾驶员飞行经历记录填写规范》（附件 2）。

5.10　考试一般程序

按本规定进行的各项考试，应当由局方指定人员主持，并在指定的时间和地点进行。

A．理论考试的通过成绩由局方确定，理论考试的实施程序参考《民用无人机驾驶员理论考试一般规定》（附件 3）。

B．局方指定的考试员按照《民用无人机驾驶员实践考试一般规定》（附件 4）的程序，依据《民用无人机驾驶员实践考试标准》（附件 5）实施实践考试。

C．局方依据《民用无人机驾驶员实践考试委任代表管理办法》（附件 6）委任与管理实施实践考试的考试员。

D．局方依据《民用无人机驾驶员考试点管理办法》（附件 7）对理论及实践考试的考试点实施评估和清单制管理。

5.11　受到刑事处罚后执照的处理

本规定执照持有人受到刑事处罚期间，不得行使所持执照赋予的权利。

6．修订说明

2015 年 12 月 29 日，飞行标准司出台了《轻小无人机运行规定（试行）（AC-91-FS-2015-31）》，结合运行规定，为了进一步规范无人机驾驶员管理，对原《民用无人驾驶航空器系统驾驶员管理暂行规定（AC-61-FS-2013-20）》进行了第一次修订。修订的主要内容包括重新调整无人机分类和定义，新增管理机构管理备案制度，取消部分运行要求。

为进一步规范无人机驾驶员执照管理，在总结前期授权符合资质的行业协会对部分无人机驾驶员证照实施管理的创新监管模式经验的基础上，对原《民用无人机驾驶员管理规定（AC-61-FS-2016-20R1）》进行了第二次修订。修订的主要内容包括调整监管模式，完善由局方全面直接负责执照颁发的相关配套制度和标准，细化执照和等级颁发要求和程序，明确由行业协会颁发的原合格证转换为局方颁发的执照的原则和方法。

7. 咨询通告施行

本咨询通告自发布之日起生效，2016 年 7 月 11 日发布的《民用无人机驾驶员管理规定》（AC-61-FS-2016-20R1）同时废止。

附件 ⊖:

1. 《颁发无人机驾驶员执照与等级的条件》
2. 《民用无人机驾驶员飞行经历记录本填写规范》
3. 《民用无人机驾驶员理论考试一般规定》
4. 《民用无人机驾驶员实践考试一般规定》
5. 《民用无人机驾驶员实践考试标准》
6. 《民用无人机驾驶员实践考试委任代表管理办法》
7. 《民用无人机驾驶员考试点管理办法》

附录 C 轻小无人机运行规定（试行）

1. 目的

近年来，民用无人机的生产和应用在国内外蓬勃发展，特别是低空、慢速、微轻小型无人机数量快速增加，占到民用无人机的绝大多数。为了规范此类民用无人机的运行，依据 CCAR-91 部，发布本咨询通告。

2. 适用范围及分类

本咨询通告适用范围包括：

2.1 可在视距内或视距外操作的、空机重量小于等于 116 千克、起飞全重不大于 150 千克的无人机，校正空速不超过 100 千米每小时。

2.2 起飞全重不超过 5 700 千克，距受药面高度不超过 15 米的植保类无人机。

2.3 充气体积在 4 600 立方米以下的无人飞艇。

2.4 适用无人机运行管理分类：

⊖ 附件内容可到中国民用航空局官方网站查看和下载，此处不再列出。

分类	空机重量（千克）	起飞全重（千克）
Ⅰ	$0 < W \leqslant 1.5$	
Ⅱ	$1.5 < W \leqslant 4$	$1.5 < W \leqslant 7$
Ⅲ	$4 < W \leqslant 15$	$7 < W \leqslant 25$
Ⅳ	$15 < W \leqslant 116$	$25 < W \leqslant 150$
Ⅴ	植保类无人机	
Ⅵ	无人飞艇	
Ⅶ	可100米之外超视距运行的Ⅰ、Ⅱ类无人机	

注：1. 实际运行中，Ⅰ、Ⅱ、Ⅲ、Ⅳ类分类有交叉时，按照较高要求的一类分类。

2. 对于串、并列运行或者编队运行的无人机，按照总重量分类。

3. 地方政府（例如当地公安部门）对于Ⅰ、Ⅱ类无人机重量界限低于本表规定的，以地方政府的具体要求为准。

2.5 Ⅰ类无人机使用者应安全使用无人机，避免对他人造成伤害，不必按照本咨询通告后续规定管理。

2.6 本咨询通告不适用于无线电操作的航空模型，但当航空模型使用了自动驾驶仪、指令与控制数据链路或自主飞行设备时，应按照本咨询通告管理。

2.7 本咨询通告不适用于室内、拦网内等隔离空间运行无人机，但当该场所有聚集人群时，操作者应采取措施确保人员安全。

3. 定义

3.1 无人机（UA: Unmanned Aircraft），是由控制站管理（包括远程操纵或自主飞行）的航空器，也称远程驾驶航空器（RPA: Remotely Piloted Aircraft）。

3.2 无人机系统（UAS: Unmanned Aircraft System），也称远程驾驶航空器系统（RPAS: Remotely Piloted Aircraft Systems），是指由无人机、相关控制站、所需的指令与控制数据链路以及批准的型号设计规定的任何其他部件组成的系统。

3.3 无人机系统驾驶员，由运营人指派对无人机的运行负有必不可少责任并在飞行期间适时操纵无人机的人。

3.4 无人机系统的机长，是指在系统运行时间内负责整个无人机系统运行和安全的驾驶员。

3.5 无人机观测员，由运营人指定的训练有素的人员，通过目视观测无人机，协助无人机驾驶员安全实施飞行。

3.6 运营人，是指从事或拟从事航空器运营的个人、组织或者企业。

3.7 控制站（也称遥控站、地面站），无人机系统的组成部分，包括用于操纵无人机的设备。

3.8 指令与控制数据链路（C2: Command and Control data link），是指无人机和控制站之间为飞行管理之目的的数据链接。

3.9 视距内运行（VLOS: Visual Line of Sight Operations），无人机驾驶员或无人机观测员与无人机保持直接目视视觉接触的操作方式，航空器处于驾驶员或观测员目视视距内半径 500 米，相对高度低于 120 米的区域内。

3.10 超视距运行（BVLOS: Beyond VLOS），无人机在目视视距以外的运行。

3.11 融合空域，是指有其他航空器同时运行的空域。

3.12 隔离空域，是指专门分配给无人机系统运行的空域，通过限制其他航空器的进入以规避碰撞风险。

3.13 人口稠密区，是指城镇、村庄、繁忙道路或大型露天集会场所等区域。

3.14 重点地区，是指军事重地、核电站和行政中心等关乎国家安全的区域及周边，或地方政府临时划设的区域。

3.15 机场净空区，也称机场净空保护区域，是指为保护航空器起飞、飞行和降落安全，根据民用机场净空障碍物限制图要求划定的空间范围。

3.16 空机重量，是指不包含载荷和燃料的无人机重量，该重量包含燃料容器和电池等固体装置。

3.17 无人机云系统（简称无人机云），是指轻小型民用无人机运行动态数据库系统，用于向无人机用户提供航行服务、气象服务等，对民用无人机运行数据（包括运营信息、位置、高度和速度等）进行实时监测。接入系统的无人机应即时上传飞行数据，无人机云系统对侵入电子围栏的无人机具有报警功能。

3.18 电子围栏，是指为阻挡即将侵入特定区域的航空器，在相应电子地理范围中画出特定区域，并配合飞行控制系统、保障区域安全的软硬件系统。

3.19 主动反馈系统，是指运营人主动将航空器的运行信息发送给监视系统。

3.20 被动反馈系统，是指航空器被雷达、ADS-B 系统、北斗等手段从地面进行监视的系统，该反馈信息不经过运营人。

4．民用无人机机长的职责和权限

4.1 民用无人机机长对民用无人机的运行直接负责，并具有最终决定权。

4.1.1 在飞行中遇有紧急情况时：

a．机长必须采取适合当时情况的应急措施。

b．在飞行中遇到需要立即处置的紧急情况时，机长可以在保证地面人员安全所需要的范围内偏离本咨询通告的任何规定。

4.1.2 如果在危及地面人员安全的紧急情况下必须采取违反当地规章或程序的措施，机长必须毫不迟疑地通知有关地方当局。

4.2 机长必须负责以可用的、最迅速的方法将导致人员严重受伤或死亡、地面财产重大损失的任何航空器事故通知最近的民航及相关部门。

5. 民用无人机驾驶员资格要求

民用无人机驾驶员应当根据其所驾驶的民用无人机的等级分类，符合咨询通告《民用无人驾驶航空器系统驾驶员管理暂行规定》（AC-61-FS-2013-20）中关于执照、合格证、等级、训练、考试、检查和航空经历等方面的要求，并依据本咨询通告运行。

6. 民用无人机使用说明书

6.1 民用无人机使用说明书应当使用机长、驾驶员及观测员能够正确理解的语言文字。

6.2 V类民用无人机的使用说明书应包含相应的农林植保要求和规范。

7. 禁止粗心或鲁莽的操作

任何人员在操作民用无人机时不得粗心大意和盲目蛮干，以免危及他人的生命或财产安全。

8. 摄入酒精和药物的限制

民用无人机驾驶员在饮用任何含酒精的液体之后的 8 小时之内或处于酒精作用之下或者受到任何药物影响及其工作能力对飞行安全造成影响的情况下，不得驾驶无人机。

9. 飞行前准备

在开始飞行之前，机长应当：

9.1 了解任务执行区域限制的气象条件；

9.2 确定运行场地满足无人机使用说明书所规定的条件；

9.3 检查无人机各组件情况、燃油或电池储备、通信链路信号等满足运行要求。对于无人机云系统的用户，应确认系统是否接入无人机云；

9.4 制定出现紧急情况的处置预案，预案中应包括紧急备降地点等内容。

10. 限制区域

机长应确保无人机运行时符合有关部门的要求，避免进入限制区域：

10.1 对于无人机云系统的用户，应该遵守该系统限制；

10.2 对于未接入无人机云系统的用户，应向相关部门了解限制区域的划设情况。不得突破机场障碍物控制面、飞行禁区、未经批准的限制区以及危险区等。

11. 视距内运行（VLOS）

11.1 必须在驾驶员或者观测员视距范围内运行；

11.2 必须在昼间运行；

11.3 必须将航路优先权让与其他航空器。

12. 视距外运行（BVLOS）

12.1 必须将航路优先权让与有人驾驶航空器；

12.2　当飞行操作危害到空域的其他使用者、地面上人身财产安全或不能按照本咨询通告要求继续飞行，应当立即停止飞行活动；

12.3　驾驶员应当能够随时控制无人机。对于使用自主模式的无人机，无人机驾驶员必须能够随时操控。

出现无人机失控的情况，机长应该执行相应的预案，包括：

a．无人机应急回收程序；

b．对于接入无人机云的用户，应在系统内上报相关情况；

c．对于未接入无人机云的用户，联系相关空管服务部门的程序，上报遵照以上程序的相关责任人名单。

13. 民用无人机运行的仪表、设备和标识要求

13.1　具有有效的空地 C2 链路。

13.2　地面站或操控设备具有显示无人机实时的位置、高度、速度等信息的仪器仪表。

13.3　用于记录、回放和分析飞行过程的飞行数据记录系统，且数据信息至少保存三个月（适用于Ⅲ、Ⅳ、Ⅵ和Ⅶ类）。

13.4　对于接入无人机云系统的用户，应当符合无人机云的接口规范。

13.5　对于未接入无人机云系统的用户，其无人机机身需有明确的标识，注明该无人机的型号、编号、所有者、联系方式等信息，以便出现坠机情况时能迅速查找到无人机所有者或操作者信息。

14. 管理方式

民用无人机分类繁杂，运行种类繁多，所使用空域远比有人驾驶航空器广阔，因此有必要实施分类管理，依据现有无人机技术成熟情况，针对轻小型民用无人机进行以下运行管理。

14.1　民用无人机的运行管理

14.1.1　电子围栏

a．对于Ⅲ、Ⅳ、Ⅵ和Ⅶ类无人机，应安装并使用电子围栏。

b．对于在重点地区和机场净空区以下运行Ⅱ类和Ⅴ类无人机，应安装并使用电子围栏。

14.1.2　接入无人机云的民用无人机

a．对于重点地区和机场净空区以下使用的Ⅱ类和Ⅴ类的民用无人机，应接入无人机云，或者仅将其地面操控设备位置信息接入无人机云，报告频率最少每分钟一次。

b．对于Ⅲ、Ⅳ、Ⅵ和Ⅶ类的民用无人机应接入无人机云，在人口稠密区报告频率最少每秒一次。在非人口稠密区报告频率最少每 30 秒一次。

c．对于Ⅳ类的民用无人机，增加被动反馈系统。

14.1.3 未接入无人机云的民用无人机

运行前需要提前向管制部门提出申请，并提供有效监视手段。

14.2 民用无人机运营人的管理

根据《民用航空法》规定，无人机运营人应当对无人机投保地面第三人责任险。

15. 无人机云提供商须具备的条件

15.1 无人机云提供商须具备以下条件：

15.1.1 设立了专门的组织机构；

15.1.2 建立了无人机云系统的质量管理体系和安全管理体系；

15.1.3 建立了民用无人机驾驶员、运营人数据库和无人机运行动态数据库，可以清晰管理和统计持证人员，监测运行情况；

15.1.4 已与相应的管制、机场部门建立联系，为其提供数据输入接口，并为用户提供空域申请信息服务；

15.1.5 建立与相关部门的数据分享机制，建立与其他无人机云提供商的关键数据共享机制；

15.1.6 满足当地人大和地方政府出台的法律法规，遵守军方为保证国家安全而发布的通告和禁飞要求；

15.1.7 获得局方试运行批准。

15.2 提供商应定期对系统进行更新扩容，保证其所接入的民用无人机运营人使用方便、数据可靠、低延迟、飞行区域实时有效。

15.3 提供商每6个月向局方提交报告，内容包括无人机云系统接入航空器架数，运营人数量，技术进步情况，遇到的困难和问题，事故和事故征候等。

16. 植保无人机运行要求

16.1 植保无人机作业飞行是指无人机进行下述飞行：

16.1.1 喷洒农药；

16.1.2 喷洒用于作物养料、土壤处理、作物生命繁殖或虫害控制的任何其他物质；

16.1.3 从事直接影响农业、园艺或森林保护的喷洒任务，但不包括撒播活的昆虫。

16.2 人员要求

16.2.1 运营人指定的一个或多个作业负责人，该作业负责人应当持有民用无人机驾驶员合格证并具有相应等级，同时接受了下列知识和技术的培训或者具备相应的经验：

（1）理论知识。

1）开始作业飞行前应当完成的工作步骤，包括作业区的勘察。

2）安全处理有毒药品的知识及要领和正确处理使用过的有毒药品容器的办法。

3）农药与化学药品对植物、动物和人员的影响和作用，重点在计划运行中常用的药物以及使用有毒药品时应当采取的预防措施。

4）人体在中毒后的主要症状，应当采取的紧急措施和医疗机构的位置。

5）所用无人机的飞行性能和操作限制。

6）安全飞行和作业程序。

（2）飞行技能。

以无人机的最大起飞全重完成起飞、作业线飞行等操作动作。

16.2.2　作业负责人对实施农林喷洒作业飞行的每一人员实施16.2.1规定的理论培训、技能培训以及考核，并明确其在作业飞行中的任务和职责。

16.2.3　作业负责人对农林喷洒作业飞行负责。其他作业人员应该在作业负责人带领下实施作业任务。

16.2.4　对于独立喷洒作业人员，或者从事作业高度在15米以上的作业人员应持有民用无人机驾驶员合格证。

16.3　喷洒限制

实施喷洒作业时，应当采取适当措施，避免喷洒的物体对地面的人员和财产造成危害。

16.4　喷洒记录保存

实施农林喷洒作业的运营人应当在其主运行基地保存，关于下列内容的记录：

16.4.1　服务对象的名称和地址；

16.4.2　服务日期；

16.4.3　每次作业飞行所喷洒物质的量和名称；

16.4.4　每次执行农林喷洒作业飞行任务的驾驶员的姓名、联系方式和合格证编号（如适用），以及通过知识和技术检查的日期。

17．无人飞艇运行要求

17.1　禁止云中飞行。在云下运行时，与云的垂直距离不得少于120米。

17.2　当无人飞艇附近存在人群时，须在人群以外30米运行。当人群抵近时，飞艇与周边非操作人员的水平间隔不得小于10米，垂直间隔不得小于10米。

17.3　除经局方批准，不得使用可燃性气体如氢气。

18．废止和生效

本咨询通告自下发之日起生效。2016年12月31日前Ⅲ、Ⅳ、Ⅴ、Ⅵ和Ⅶ类无人机均应符合本咨询通告要求，在北京、上海、广州、深圳运行的Ⅱ类无人机也应符合本咨询通告要求；2017年12月31日前适用无人机均应符合本咨询通告要求。

当其他法律法规发布生效时，本咨询通告与其内容相抵触部分自动失效；飞行标准司有责任依据法律法规的变化、科技进步、社会需求等及时修订本咨询通告。

附录 D 民用无人驾驶航空器实名制登记管理规定

1. 总则

1.1 目的

为加强民用无人驾驶航空器（以下简称民用无人机）的管理，对民用无人机拥有者实施实名制登记，特制定本管理规定。

1.2 适用范围

本管理规定适用于在中华人民共和国境内最大起飞重量为 250 克以上（含 250 克）的民用无人机。

1.3 登记要求

自 2017 年 6 月 1 日起，民用无人机的拥有者必须按照本管理规定的要求进行实名登记。2017 年 8 月 31 日后，民用无人机拥有者，如果未按照本管理规定实施实名登记和粘贴登记标志的，其行为将被视为违反法规的非法行为，其无人机的使用将受影响，监管主管部门将按照相关规定进行处罚。

1.4 定义

1.4.1 民用无人机

民用无人机是指没有机载驾驶员操纵、自备飞行控制系统，并从事非军事、警察和海关飞行任务的航空器。不包括航空模型、无人驾驶自由气球和系留气球。

1.4.2 民用无人机拥有者

民用无人机拥有者是指民用无人机的所有权人，包括个人、依据中华人民共和国法律设立的企业法人 / 事业法人 / 机关法人和其他组织。

1.4.3 民用无人机最大起飞重量

民用无人机最大起飞重量是指根据无人机的设计或运行限制，无人机能够起飞时所容许的最大重量。

1.4.4 民用无人机空机重量

民用无人机空机重量是指无人机制造厂给出的无人机基本重量。除商载外，该无人机做好执行飞行任务的全部重量，包含标配电池重量和最大燃油重量。

2. 职责

2.1 中国民用航空局航空器适航审定司

（1）制定民用无人机实名登记政策；

（2）管理"中国民用航空局民用无人机实名登记信息系统"（以下简称无人机实名登记系统）。

2.2 民用无人机制造商

(1) 在"无人机实名登记系统"中填报其产品的名称、型号、最大起飞重量、空机重量、产品类型、无人机购买者姓名和移动电话等信息;

(2) 在产品外包装明显位置和产品说明书中,提醒拥有者在"无人机实名登记系统"中进行实名登记,警示不实名登记擅自飞行的危害;

(3) 随产品提供不干胶打印纸,供拥有者打印"无人机登记标志"。

2.3 民用无人机拥有者

(1) 依据本管理规定 3.2 的要求,在"无人机实名登记系统"进行实名登记;

(2) 依据本管理规定 3.4 的要求,在其拥有无人机上粘贴登记标志;

(3) 当发生本管理规定 3.5 所述情况,在"无人机实名登记系统"上更新无人机的信息。

3. 民用无人机实名登记要求

3.1 实名登记的流程

(1) 民用无人机制造商和民用无人机拥有者在"无人机实名登记系统"(https://uas.caac.gov.cn)上申请账户;

(2) 民用无人机制造商在该系统中填报其所有产品的信息;

(3) 民用无人机拥有者在该系统中实名登记其拥有产品的信息,并将系统给定的登记标志粘贴在无人机上。

3.2 实名登记的信息内容

3.2.1 民用无人机制造商填报信息

民用无人机制造商在"无人机实名登记系统"中填报的信息包括:

(1) 制造商名称、注册地址和联系方式;

(2) 产品名称和型号;

(3) 空机重量和最大起飞重量;

(4) 产品类别;

(5) 无人机购买者姓名和移动电话。

3.2.2 个人民用无人机拥有者登记信息

个人民用无人机拥有者在"无人机实名登记系统"中登记的信息包括:

(1) 拥有者姓名;

(2) 有效证件号码(如身份证号、护照号等);

(3) 移动电话和电子邮箱;

(4) 产品型号、产品序号;

(5) 使用目的。

3.2.3 单位民用无人机拥有者登记信息

单位民用无人机拥有者在"无人机实名登记系统"中登记的信息包括：

(1) 单位名称；

(2) 统一社会信用代码或者组织机构代码等；

(3) 移动电话和电子邮箱；

(4) 产品型号、产品序号；

(5) 使用目的。

3.3 民用无人机的登记标志

(1) 民用无人机登记标志包括登记号和登记二维码，民用无人机拥有者在"无人机实名登记系统"中完成信息填报后，系统自动给出包含登记号和二维码的登记标志图片，并发送到登记的邮箱。

(2) 民用无人机登记号是为区分民用无人机而给出的编号，对于序号（S/N）不同的民用无人机，登记号不同。民用无人机登记号共有11位字符，分为两部分：前三位为字母 UAS，后8位为阿拉伯数字，采用流水号形式，范围为 00000001～99999999，例如登记号 UAS00000003。

(3) 民用无人机登记二维码包括无人机制造商、产品型号、产品名称、产品序号、登记时间、拥有者姓名或单位名称、联系方式等信息。

3.4 民用无人机的标识要求

(1) 民用无人机拥有者在收到系统给出的包含登记号和二维码的登记标志图片后，将其打印为至少2厘米乘以2厘米的不干胶粘贴牌。

(2) 民用无人机拥有者将登记标志图片采用耐久性方法粘于无人机不易损伤的地方，且始终清晰可辨，亦便于查看。便于查看是指登记标志附着于一个不需要借助任何工具就能查看的部件之上。

(3) 民用无人机拥有者必须确保无人机每次运行期间均保持登记标志附着其上。

(4) 民用无人机登记号和二维码信息不得涂改、伪造或转让。

3.5 登记信息的更新

(1) 民用无人机发生出售、转让、损毁、报废、丢失或者被盗等情况，民用无人机拥有者应及时通过"无人机实名登记系统"注销该无人机的信息。

(2) 民用无人机的所有权发生转移后，变更后的所有人必须按照本管理规定的要求实名登记该民用无人机的信息。

4. 附则

4.1 本管理规定由中国民用航空局航空器适航审定司负责解释。

4.2 本管理规定自 2017 年 5 月 16 日起生效。

附录 E　民用无人驾驶航空器系统空中交通管理办法

第一章　总　则

第一条　为了加强对民用无人驾驶航空器飞行活动的管理,规范其空中交通管理工作,依据《中华人民共和国民用航空法》《中华人民共和国飞行基本规则》《通用航空飞行管制条例》和《民用航空空中交通管理规则》,制定本办法。

第二条　本办法适用于依法在航路航线、进近(终端)和机场管制地带等民用航空使用空域范围内或者对以上空域内运行存在影响的民用无人驾驶航空器系统活动的空中交通管理工作。

第三条　民航局指导监督全国民用无人驾驶航空器系统空中交通管理工作,地区管理局负责本辖区内民用无人驾驶航空器系统空中交通服务的监督和管理工作。空管单位向其管制空域内的民用无人驾驶航空器系统提供空中交通服务。

第四条　民用无人驾驶航空器仅允许在隔离空域内飞行。民用无人驾驶航空器在隔离空域内飞行,由组织单位和个人负责实施,并对其安全负责。多个主体同时在同一空域范围内开展民用无人驾驶航空器飞行活动的,应当明确一个活动组织者,并对隔离空域内民用无人驾驶航空器飞行活动安全负责。

第二章　评 估 管 理

第五条　在本办法第二条规定的民用航空使用空域范围内开展民用无人驾驶航空器系统飞行活动,除满足以下全部条件的情况外,应通过地区管理局评审:

(一)机场净空保护区以外;

(二)民用无人驾驶航空器最大起飞重量小于或等于 7 千克;

(三)在视距内飞行,且天气条件不影响持续可见无人驾驶航空器;

(四)在昼间飞行;

(五)飞行速度不大于 120 千米 / 小时;

(六)民用无人驾驶航空器符合适航管理相关要求;

(七)驾驶员符合相关资质要求;

(八)在进行飞行前驾驶员完成对民用无人驾驶航空器系统的检查;

(九)不得对飞行活动以外的其他方面造成影响,包括地面人员、设施、环境安全和社会治安等。

(十)运营人应确保其飞行活动持续符合以上条件。

第六条　民用无人驾驶航空器系统飞行活动需要评审时,由运营人会同空管单位提出使用空域,对空域内的运行安全进行评估并形成评估报告。地区管理局对评估报告进行审查或评审，出具结论意见。

第七条　民用无人驾驶航空器在空域内运行应当符合国家和民航有关规定，经评估满足空域运行安全的要求。评估应当至少包括以下内容：

（一）民用无人驾驶航空器系统情况，包括民用无人驾驶航空器系统基本情况、国籍登记、适航证件（特殊适航证、标准适航证和特许飞行证等）、无线电台及使用频率情况；

（二）驾驶员、观测员的基本信息和执照情况；

（三）民用无人驾驶航空器系统运营人基本信息；

（四）民用无人驾驶航空器的飞行性能，包括：飞行速度、典型和最大爬升率、典型和最大下降率、典型和最大转弯率、其他有关性能数据（例如风、结冰、降水限制）、航空器最大续航能力、起飞和着陆要求；

（五）民用无人驾驶航空器系统活动计划，包括：飞行活动类型或目的、飞行规则（目视或仪表飞行）、操控方式（视距内或超视距，无线电视距内或超无线电视距等）、预定的飞行日期、起飞地点、降落地点、巡航速度、巡航高度、飞行路线和空域、飞行时间和次数；

（六）空管保障措施，包括：使用空域范围和时间、管制程序、间隔要求、协调通报程序、应急预案等；

（七）民用无人驾驶航空器系统的通信、导航和监视设备和能力，包括：民用无人驾驶航空器系统驾驶员与空管单位通信的设备和性能、民用无人驾驶航空器系统的指挥与控制链路及其性能参数和覆盖范围、驾驶员和观测员之间的通信设备和性能、民用无人驾驶航空器系统导航和监视设备及性能；

（八）民用无人驾驶航空器系统的感知与避让能力；

（九）民用无人驾驶航空器系统故障时的紧急程序，特别是：与空管单位的通信故障、指挥与控制链路故障、驾驶员与观测员之间的通信故障等情况；

（十）遥控站的数量和位置以及遥控站之间的移交程序；

（十一）其他有关任务、噪声、安保、业载、保险等方面的情况；

（十二）其他风险管控措施。

第八条　按照本规定第六条需要进行评估的飞行活动，其使用的民用无人驾驶航空器系统应当为遥控驾驶航空器系统，而非自主无人驾驶航空器系统，并且能够按要求设置电子围栏。

第九条　地区管理局应当组织相关部门对评估报告进行审查，对于复杂问题可以组织专家进行评审和现场演示，并将审查或评审结论反馈给运营人和有关空管单位。

第三章　空中交通服务

第十条　民用无人驾驶航空器飞行应当为其单独划设隔离空域，明确水平范围、垂直范围和使用时段。可在民航使用空域内临时为民用无人驾驶航空器划设隔离空域。飞行密集区、人口稠密区、重点地区、繁忙机场周边空域,原则上不划设民用无人驾驶航空器飞行空域。

第十一条　隔离空域由空管单位会同运营人划设。划设隔离空域应综合考虑民用无人驾驶航空器通信导航监视能力、航空器性能、应急程序等因素,并符合下列要求:

(一)隔离空域边界原则上距其他航空器使用空域边界的水平距离不小于 10 公里;

(二)隔离空域上下限距其他航空器使用空域垂直距离 8400 米(含)以下不得小于 600 米,8400 米以上不得小于 1200 米。

第十二条　民用无人驾驶航空器在隔离空域内运行时,应当符合下列要求:

(一)民用无人驾驶航空器应当遵守规定的程序和安全要求;

(二)民用无人驾驶航空器确保在所分配的隔离空域内飞行,并与水平边界保持 5 公里以上距离;

(三)防止民用无人驾驶航空器无意间从隔离空域脱离。

第十三条　为了防止民用无人驾驶航空器和其他航空器活动相互穿越隔离空域边界,提高民用无人驾驶航空器运行的安全性,需要采取下列安全措施:

(一)驾驶员应当持续监视民用无人驾驶航空器飞行;

(二)当驾驶员发现民用无人驾驶航空器脱离隔离空域时,应向相关空管单位通报;

(三)空管单位发现民用无人驾驶航空器脱离隔离空域时,应当防止与其他航空器发生冲突,通知运营人采取相关措施,并向相关管制单位通报。

(四)空管单位应当同时向民用无人驾驶航空器和隔离空域附近运行的其他航空器提供服务;

(五)在空管单位和民用无人驾驶航空器系统驾驶员之间应建立可靠的通信;

(六)空管单位应为民用无人驾驶航空器指挥与控制链路失效、民用无人驾驶航空器避让侵入的航空器等紧急事项设置相应的应急工作程序。

第十四条　针对民用无人驾驶航空器违规飞行影响日常运行的情况,空管单位应与机场、军航管制单位等建立通报协调关系,制定信息通报、评估处置和运行恢复的方案,保证安全,降低影响。

第四章　无线电管理

第十五条　民用无人驾驶航空器系统活动中使用无线电频率、无线电设备应当遵守国家无线电管理法规和规定,且不得对航空无线电频率造成有害干扰。

第十六条　未经批准,不得在民用无人驾驶航空器上发射语音广播通信信号。

第十七条　使用民用无人驾驶航空器系统应当遵守国家有关部门发布的无线电管制命令。

第五章 附 则

第十八条 民用无人驾驶航空器系统飞行活动涉及多项评估或审批的，地区管理局应当统筹安排。

第十九条 本管理办法自下发之日起开始施行，原《民用无人机空中交通管理办法》（MD-TM-2009-002）同时废止。

第二十条 本管理办法使用的术语定义：

民用无人驾驶航空器：没有机载驾驶员操作的民用航空器。

民用无人驾驶航空器系统：指民用无人驾驶航空器及与其安全运行有关的组件，主要包括遥控站、数据链路等。

遥控驾驶航空器系统：由遥控驾驶航空器、相关的遥控站、所需的指挥与控制链路以及批准的型号设计规定的任何其他部件构成的系统。

遥控驾驶航空器：由遥控站操纵的无人驾驶航空器。遥控驾驶航空器是无人驾驶航空器的亚类。

遥控站：遥控驾驶航空器系统的组成部分，包括用于操纵遥控驾驶航空器的设备。

指挥与控制链路：遥控驾驶航空器和遥控站之间为飞行管理目的建立的数据链接。

自主无人驾驶航空器系统：不允许驾驶员介入飞行管理的无人驾驶航空器。

电子围栏：是指为防止民用无人驾驶航空器飞入或者飞出特定区域，在相应电子地理范围中画出其区域边界，并配合飞行控制系统，保障区域安全的软硬件系统。

感知与避让：观察、发现、探测交通冲突或其他危险，并采取适当行动的能力。

运营人：是指从事或拟从事航空器运营的个人、组织或者企业。

驾驶员：由运营人指派对遥控驾驶航空器的运行负有必不可少职责并在飞行期间适时操纵无人驾驶航空器的人。

观测员：由运营人指定的训练有素的人员，通过目视观测遥控驾驶航空器，协助驾驶员安全实施飞行。

隔离空域：专门分配给无人驾驶航空器系统运行的空域，通过限制其他航空器的进入以规避碰撞风险。

非隔离空域：无人驾驶航空器系统与其他有人驾驶航空器同时运行的空域。

目视视距内：驾驶员或观测员与无人驾驶航空器保持直接目视视觉接触的运行方式。直接目视视觉接触的范围为：真高 120 米以下；距离不超过驾驶员或观测员视线范围或最大 500 米半径的范围，两者中取较小值。

超目视视距：无人驾驶航空器在目视视距以外的运行方式。无线电视距内：是指发射机和接收机在彼此的无线电覆盖范围之内能够直接进行通信，或者通过地面网络使远程发射机和接收机在无线电视距内，并且能在相应时间范围内完成通信传输的情况。

超无线电视距：是指发射机和接收机不在无线电视距之内的情况。因此所有卫星系统都是超无线电视距的，遥控站通过地面网络不能在相应时间范围与至少一个地面站完成通信传输的系统也都是超无线电视距的。

机场净空区：也称机场净空保护区域，是指为保护航空器起飞、飞行和降落安全，根据民用机场净空障碍物限制图要求划定的空间范围。

人口稠密区：是指城镇、村庄、繁忙道路或大型露天集会场所等区域。

重点地区：是指军事重地、核电站和行政中心等关乎国家安全的区域及周边，或地方政府临时划设的区域。

参 考 文 献

[1] 于坤林，陈文贵. 无人机结构与系统 [M]. 西安：西北工业大学出版社，2016.

[2] FAHLSTROM PG, GLEASON T J. 无人机系统导论 [M]. 吴汉平，译. 北京：电子工业出版社，2003.

[3] 许春生. 燃气涡轮发动机 [M]. 北京：兵器工业出版社，2006.

[4] 王细洋. 航空概论 [M]. 北京：航空工业出版社，2006.

[5] 丑武胜，贾玉红，何宸光，等. 空中机器人（固定翼）专项教育教材 [M]. 哈尔滨：哈尔滨工程大学
出版社，2013.

[6] 刘让贤，晏初红. 航空概论 [M]. 北京：航空工业出版社，2013.

[7] 任仁良，张铁纯. 涡轮发动机飞机结构与系统：下册 [M]. 北京：兵器工业出版社，2014.

[8] 于明清，司维钊. 无人机飞行控制技术 [M]. 西安：西北工业大学出版社，2018.

[9] 符长青. 无人机空气动力学与飞行原理 [M]. 西安：西北工业大学出版社，2018.

[10] 朱宝鎏. 无人机空气动力学 [M]. 北京：航空工业出版社，2006.

[11] 刘沛清. 空气螺旋桨理论及其应用 [M]. 北京：北京航空航天大学出版社，2006.

[12] 高正，陈仁良. 直升机飞行动力学 [M]. 北京：科学出版社，2015.

[13] 孙毅. 无人机驾驶员航空知识手册 [M]. 北京：中国民航出版社，2014.

[14] 段连飞，章炜，黄端详. 无人机任务载荷 [M]. 西安：西北工业大学出版社，2017.

[15] 王宝昌. 无人机航拍技术 [M]. 西安：西北工业大学出版社，2017.